U1007853

To the New Era of Socialist Ecological Civilization

——Harmonious Coexistence between Human Being and Nature

走向社会主义生态文明新时代

——人与自然和谐共生

李　想／著

吉林出版集团股份有限公司

图书在版编目（CIP）数据

走向社会主义生态文明新时代 ：人与自然和谐共生 / 李想著. -- 长春 ：吉林出版集团股份有限公司，2015.12（2025.4重印）

ISBN 978－7－5534－9832－4

Ⅰ. ①走… Ⅱ. ①李… Ⅲ. ①中国特色社会主义－生态文明－建设－研究 Ⅳ. ①X321.2

中国版本图书馆 CIP 数据核字(2016)第 006661 号

走向社会主义生态文明新时代——人与自然和谐共生

ZOUXIANG SHEHUIZHUYI SHENGTAI WENMING XINSHIDAI——REN YU ZIRAN HEXIE GONGSHENG

著　　者：李　想

责任编辑：杨晓天　张兆金

封面设计：韩枫工作室

出　　版：吉林出版集团股份有限公司

发　　行：吉林出版集团社科图书有限公司

电　　话：0431－86012746

印　　刷：三河市佳星印装有限公司

开　　本：710mm×1000mm　1/16

字　　数：220 千字

印　　张：12.75

版　　次：2016 年 4 月第 1 版

印　　次：2025 年 4 月第 3 次印刷

书　　号：ISBN 978－7－5534－9832－4

定　　价：56.00 元

如发现印装质量问题，影响阅读，请与印刷厂联系调换。

前　言

人与自然关系问题既是生态哲学的主题之一，也是人类普遍关注且必须予以解决的基本问题，更是当前我国科学发展观的研究和生态文明建设中的重要问题。人类只有与自然和谐相处，才能保持可持续发展。从总体上看，人与自然的和谐共生关系标志着人类文明与自然演化相互影响后的积极结果。因此，在叙述脉络上，和谐共生就成为本书的一个基础，而与此相关的演变历史、发展主客体和现实导向等问题，也都是在此基础上的逻辑展开。全书包括导论、正文五章和结语七个部分。

导论部分是一个研究铺垫。在人类历史长河中，面对复杂严峻的生态环境问题，西方学者在批判和反思中积极探索建立人与自然的平衡关系，主要是作为生态伦理学研究的一部分内容进行探讨；日本学者则多集中于从公害、生态危机的角度对人与自然关系进行哲学思考；我国学者主要集中于从生态文明角度对人与自然的关系进行科学建构。因此，作为研究的逻辑前提，本部分在梳理前人研究成果的基础上，对人与自然和谐共生问题研究的维度进行了基本定位，并就本书的研究脉络、思路和方法进行了说明，还概括了全书的重点、难点及创新点。

第一章从历史维度回顾了人与自然和谐共生的思想演进及其社会根源。在本章中，作者把人与自然关系的思想演进划分为古代原初统一时期、近现代外化分离时期和现当代对立碰撞时期等三个阶段，相应地论述了天人合一思想、人控制自然观念与和谐共生理念的形成和转换，并选取了每一阶段最具代表性的哲学家及其哲学思想，进行了必要的梳理和总结。

第二章从理论维度分析了人与自然和谐共生的概念内涵及其合理性。本章突破了以往单纯地从某一学科领域出发予以界定的模式，而是从哲学角度解析了“人”、“自然”和“和谐共生”三个基本概念的科学含义，并在概念厘定和解析的基础上，阐明“人与自然和谐共生”与马克思主义自然观本质上的一致性和作为其理论内核的“生态人本主义”生态和谐观同科学发展观的相通性。

导　论

人与自然关系问题作为辩证唯物主义始终关注的内容，是生态哲学的主题之一，也是人类普遍关注且必须予以解决的最基本问题，更是当前我国科学发展观的研究和生态文明建设中的重要问题。人与自然的关系标志着人类文明与自然演化的相互影响及其结果，和谐共生作为人与自然关系的现实命题，是人类在反省过去的同时，积极构建的一种新型的、符合现代社会发展需要的理念。

在人类的历史长河中，如何正确处理人与自然的关系一直是众多哲人、智者感兴趣的问题。人与自然的关系问题是从人诞生那一刻开始就存在的问题，也是各学科门类中的一个基本问题，更是哲学探讨的重点与难点问题。本书的研究内容，从始至终围绕人和自然和谐共生的这条主线，这主要是基于当今世界全球范围内的生态文明建设。人类经过漫长的蒙昧时代，终于跨入了文明时代。以地理因素为主的自然环境在人类早期文明中的作用是不可低估的。在生产力极端低下的情况下，自然环境的优越　　便利的水源和利于耕作的肥土，使古巴比伦壮丽伟岸的巴别通天塔和美丽绝伦的空中花园、古埃及尼罗河畔巍然屹立的金字塔、古印度摩亨殊达鲁文字和哈拉巴文明、古中国黄河流域“天苍苍、野茫茫，风吹草低见牛羊”的自然景观，都成为辉煌的一幕。人类最早不得不依靠自然条件来生存，人类社会最先不得不依靠水源来聚居，文明最初也不得不依靠土地耕作来开端。可是，作为所有食物链终端的人类——这个地球上顶级的食肉动物群，用其仅存的20万年的历史和文明，暴殄了地球40亿年累积的自然环境的遗产。人类贪婪地掠取，使全球生态问题愈演愈烈。过度的开发，使耕地流失；过度的放牧，使草原荒漠；过度的采伐，使森林退化；过度的捕捞，使水产枯竭；过度的采掘，使资源短缺……昔日加诸自然的种种，正回归人类自身。

对生态问题的关注，迫使人类重新审视继而修正自身与自然之间的关系：人与自然休戚相关、荣衰与共，自然界繁荣兴旺是人类之福，自然界枯萎衰落是人类之祸。据英国《每日邮报》2010年8月9日报道，著名天体物理学家斯蒂芬·霍金再次发出警告，他说，如果人类不设法移民外星球，在200年内，人类将面临灭绝。200 年，天地史上一瞬间，面对如此严峻的挑战和形势，人类真的应该把生存问题放到首位，把万物的生存放到首位。庄子《齐物论》中有一个关于人与自然关系的例子：用木料做桌子，从人的使用来看这是“成”；而从树木的破坏来看这是“毁”。从这个例子可以得出这样一个道理：一定的使用价值是以一定的生态价值为代价的，只有将人与自然统一起来，将经济效益与生态效益统一起来，才能够无成无毁；只能以尊重科学、顺应自然规律为前提，利用自然、调整自然、使其能符合人类的需要，也使天地万物顺利地发展，达到双赢。宇宙之大，万物之美，和谐共生，知最知美。

竖看历史，横看现实，人类必须有责任、有担当，必须表现出大智慧、大胸怀、大气度，必须以合理的途径，因地制宜，适度开发，维护生态。《易传·乾》曰：“大人者，与天地合其德，与日月合其明，与四时合其序，与鬼神合其吉凶。”合，就是责任担当，就是和谐而不均衡、开发而不耗尽、顺应而不保守、循环而不回归，就是维护天地万物运行发展和人类进化发展的自然性、完整性、连续性。生态危机的唯一解决之道，恰恰存在于 60 多亿人自身的觉醒、即刻的行动和不懈地努力之中。

近年来，对人与自然关系的哲学探讨取得了重要的成就，初步达成了人与自然和谐相处的共识。尤其在 2007 年 10 月，中国共产党的十七大政治报告从实践的角度第一次明确地提出了建设社会主义生态文明的要求。尤其在 2012 年 11 月，党的十八大从新的历史起点出发，作出“大力推进生态文明建设”的战略决策，完整描绘了今后相当长一个时期我国生态文明建设的宏伟蓝图。在这一蓝图下，树立一种全新的生态观——“人与自然和谐共生”的理念格外重要。由于各个学科的着眼点不同，对人与自然关系研究的侧重点自然也有所不同。如何从哲学的视角分析“人与自然和谐共生”理念形成的现实根源，科学地揭示“人与自然和谐共生”理念的内涵及本质，深入阐明“人与自然和谐共生”理念的实践要求并在实践中为生态文明与和谐社会建设提供有效可行的对策思路，是理论及政策研究部门的重要使命。为此，本书就这一系列问题展开了相关研究和初步探讨。

第一节 问题的提出

人与自然关系问题的研究，是当代哲学研究的一个新领域，是丰富和发展马克思主义发展理论和解读科学发展观的内在要求，是实现人类及社会永续发展的重要途径，是推进我国生态文明建设和社会主义和谐社会建设的重要理论支撑。人类只有处在与自然和谐的平衡状态中，才能够保持可持续发展。在新时期，面对复杂严峻的生态环境问题，在马克思主义的指导下，研究人与自然和谐共生具有重要的理论意义和实践价值。

一、理论意义

人与自然的和谐共生，从理论上看，是人们对生态危机和工业文明观反思的结果，是人类认识过程的大飞跃，同时也是价值观念、发展观念和文明观念向可持续发展的生态和谐观的大转变。每一个历史发展过程、每一个历史环节都为新的发展提供了坚实的基础。通过对人与自然关系认知历程的回顾，不仅可以从中提炼出人与自然和谐共生的科学内涵，也为揭示人与自然和谐共生的本质提供了思想资料。

随着社会的发展和全球生态危机的愈演愈烈，人们的生态意识也日益增强，学术界对处理人与自然关系的研究也逐渐增多。从已发表和出版的理论成果来看，学者们将其作为生态伦理学研究对象的探讨相对较多，将其视为直接的研究对象特别是对和谐共生理念指向的相关实践探讨相对较少，已有的探讨对相关问题的研究也不够深入。本书在深入地对人与自然和谐共生理念进行本质分析之后，着重围绕着此理念指向的目标展开探索，力争在相关理论上有所突破的同时强化理论的指导意义。

二、实践意义

虽然没有生产力的发展，所有一切对人与环境和谐的追求都显得那样无力，但作为绕过资本主义“卡夫丁峡谷”的社会主义国家，绝不能以人对自然的全面征服，以牺牲人与自然的原始和谐为代价去换取经济的腾飞和生产力的发展。今天，确立、弘扬人与自然的和谐共生理念，对我国现代化进程中实行可持续发展战略具有一定的促进作用；同时，对于与自然界关系急剧恶化、正被生态危机所困扰的21世纪的人类也将产生有益的启示。

多年来，党和政府一直致力于实现中华民族的伟大复兴和国家的和平崛起。新中国虽然已历经六十多年的艰苦努力，但是这一目标至今仍未实现。实现这一目标除了要创造高度的物质文明以外，也要创造高度的精神文明和政治文明，还要创造高度的生态文明，建设人与自然和谐相处的社会主义社会。自2003年以来，以胡锦涛为总书记的中国新一代领导集体提出了科学发展观与建立社会主义和谐社会的目标，将人与自然和谐相处作为发展的重要内容。2005年2月，胡锦涛进一步阐述，“人与自然和谐相处，就是生产发展、生活富裕、生态良好。”可以说，这是立足于我国国情并深入理解人与自然相互作用之规律的一种理论创新和运用。只有在人与自然和谐共生的一种应然状态和动态的前提下才能使经济、社会、自然得到可持续发展，才能建设生态文明的社会，才能提高我国的竞争力，最终实现中华民族的伟大复兴和国家的和平崛起。

本书的宗旨就是要通过从历史维度、理论维度、主体维度、客体维度和现实维度来分析和探索人与自然的和谐共生，阐明其理念的内涵、内核实质、合理性、实践指向等相关理论，最终解决生态文明和社会主义和谐社会建设中的现实问题。实际上，对人与自然和谐共生的研究，就是要为政策研究部门提供理论素材，为实际工作部门提供对策建议，为决策部门提供智力支持，从而集中智慧进行正确的决策和制定我国国民经济和社会发展的战略任务、基本国策。

第二节　研究的现状

一、研究现状概述

近年来，学者和专家们关于人与自然关系的哲学讨论虽然视角不同，但总结来看，主要涉及如下几个方面：

（一）关于人与自然和谐共生的内涵及功能分析

许多学者在发表探讨人与自然关系的成果中从以下的角度，分析了人与自然和谐的内涵及功能。

一种观点认为，人与自然和谐就是人类通过破除自我中心论而实现的人与人、人与自然的和谐发展与共存共荣，或者说人类与自然环境的共同进化，与地球表层的共存，是地球生态系统中的社会生态系统的良性运行。这种和谐共生的理念具有认识和教育功能、调节和批判功能。[①]

另一种观点认为，人与自然谐调是指这样一种生态道德，它包括在人类社

① 刘宗超．生态文明与中国可持续发展走向［M］．北京：中国科学技术出版社，1997：11．

会中形成的与自然环境合作的意识以及人们同自然环境交往过程中保护环境的一种道德态度、行为规范、评价体系，认为它能使人们以道德的态度处理人与自然的关系，可以调节人与环境、生物的关系，辨明生态系统中的善和恶、道德与不道德。[①]

第三种观点强调人与自然和谐发展的现实效用，认为学术界目前在讨论时对其地位和作用存在着一种有意拔高和夸大的倾向。在人们对世界的改造过程中，只能以物质即自然为载体和基础，人与自然谐调发展理念发挥的功能以及显现的成果也主要是在人们建设物质文明的过程中加以体现和获得。因此，有意拔高和夸大其地位和作用，以至于忽视了物质文明建设的观点与做法，是不科学、不现实的。[②]

（二）关于人与自然关系的发生中介

一种观点认为人与自然的关系是通过人的劳动实践活动发生的。“人与自然的关系”总是在实践活动中产生和发展的，它们之间以实践活动为纽带从而互为中介、相互制约。[③] 恩格斯说，人是“通过他所作出的改变来使自然界为自己的目的服务，来支配自然界。这便是人同其他动物的最终的本质的差别，而造成这一差别的又是劳动”[④]。“人们对自然界的狭隘关系制约着他们之间的狭隘的关系，而他们之间的狭隘的关系又制约着他们对自然界的狭隘的关系。”[⑤] 人的劳动实践活动表现为双重关系：一方面是自然，另一方面是社会关系。作为自然关系，人的实践是指向自然的且必须符合自然的法则；作为社会关系，人的实践又具有社会性特性，在实践中必然产生人与人的关系。只有人类才能不仅意识到人与自然的关系，而且能够通过实践中介实现对这两种关系的支配。

另一种观点认为人与自然的关系是通过工具中介系统即技术来发生的。“人—自然”的关系在这里实际上是“人—工具（技术）—自然”的关系。人类最原始的工具是人的肉体器官——臂和腿、头和手，特别是手能使人获得技艺，这种“技艺”就是黑格尔所称的“理性的机巧”，亦即体现人的理性的技术。在汉斯·萨克塞看来，技术使人同自然界发生联系，人“对某一事物的认

---

① 王国聘．生存智慧的新探索——现代环境伦理的理论与实践［J］．南京社会科学，1997（4）：13～20.

② 高中华．环境问题抉择论——生态文明时代的理性思考［M］．北京：社会科学文献出版社，2004：58～69.

③ 曾建平，杨方．人与自然的关系构成及道德意蕴［J］．江西师范大学学报（哲学社会科学版），2002（1）：60～66.

④ 马克思恩格斯选集·第4卷［M］．北京：人民出版社，1995：383.

⑤ 马克思恩格斯选集·第1卷［M］．北京：人民出版社，1972：35.

识取决于与其接触和得到的经验”[①]。海德格尔认为，技术作为人与自然关系发生的中介，其作用过程就是：人要通过技术去挑战自然，将自然展现成持存物；自然要通过技术将自己以持存物的存在方式表现出来。

（三）关于在人与自然之间建立伦理关系

关于建立人与自然之间伦理关系的问题，东西方早已有学者探讨过。

首先，早在中国古代，以孔子、孟子为代表的一些杰出的思想家就从研究人际关系出发探讨了人地关系。从先秦时期开始经过两汉、隋唐到宋、元、明各个时期，他们对人与自然的关系进行了深刻的思考，所提出的诸如“天人合一”“仁爱万物”的思想，以及对合理利用自然资源的论述，以朴素的、直观的形式反映了当时人们对自身与自然关系的认识，形成了一套比较系统的生态伦理道德观。在当代，中国学术界更是提出了整体主义生态伦理观。[②] 其基本原则是公正，其实质就是协调好人与自然的利益关系。刘湘溶的《生态伦理学》（1992），赵红州的《人与自然生态共荣》一文（1996），周鸿的《文明的生态学透视》（1997），李培超的《自然的伦理尊严》（2001），高中华的《环境问题抉择论——生态文明时代的理性思考》（2004）等都主张在人与自然之间建立积极的伦理关系，体现人类对自身生活的完整的终极关怀。此外，日本伦理学研究所九山竹秋在《地球人的地球伦理学》一文中指出，大地是生存之源，是值得尊敬、爱惜和感谢的。因而他认为，规范人类行为的道德，不限于人间之道，必须扩大到人以外的生物包括地球上的非生物，甚至太阳和天体诸现象。

其次，早在19世纪的西方，英国功利主义哲学家边沁就主张扩展道德共同体（moral community）（1811）；美国学者玛什（G. P. Marsh）的《人与自然》（1864）、英国医生赫胥黎（T. Huxley）的《进化与伦理学》（1893）都有在人与自然之间建立某种亲和的伦理关系之议。法国哲学家、医生、诺贝尔和平奖获得者施韦兹和英国环境学家利奥波德主张把道德行为的领域从人与人、人与社会领域扩大到人与自然之间。1975年，美国哲学家罗尔斯顿发表《存在生态伦理学吗?》等一系列论文和两本专著：《哲学走向原理》（1986年）和《环境伦理学：自然界的价值和人对自然的责任》（1988年），从生态规律有必要转化为道德义务的角度论证了在人与自然之间建立伦理关系的合理性，建构

---

① ［德］汉斯·萨克塞．文韬，佩云译．生态哲学［M］．北京：东方出版社，1991：7.

② 何小英．“天人合一”思想与当代生态伦理教育［J］．船山学刊，2004（3）：156～157.

了环境伦理学的理论框架。产生于20世纪70年代西方绿色运动的生态学马克思主义学派，提出了一整套以维护生态平衡为基础，以满足新兴需要为目标，人与自然和谐发展的未来社会理论，并试图寻找一条通向生态社会主义现代化的现实道路，其在人与自然的关系、资本主义制度与生态危机的必然联系以及解决生态危机的根本途径等问题上，它与马克思主义关于人与自然和谐发展的生态学论述是一致的。

（四）关于对人与自然关系存在道德意含的解读路径

对人与自然关系存在道德意含的解读属于生态价值观的问题，也是中外学者争论最多的问题。目前主要有四种路径：

第一种路径是从人类利益出发的人文主义。有学者认为，人类产生前的自然界是一个纯自然系统，地球上出现人以后就逐渐变成了人化的自然系统，如今的全球性的生态危机只有危及本人“我”的利益或者人类人格的时候才是恶的，才被人类予以关心。人与自然关系的实质是人与人的关系，因为人在悖谬自然的意义上再造自然即自然就是对人来说的人伦自然。①

第二种路径是从某种超人类的利益出发的生态主义。有学者认为，人与自然是平等的关系；建立一个自然和社会生态平衡的美好的绿色社会是人与自然关系的应然道德状态，作为“生命温床”的大自然创造了人类，因而拥有作为人的另一极而存在的内在价值和内在权利，并在人的道德体系中具有被道德关心的理由。②

第三种路径是从超自然的力量出发的神秘主义。有些学者认为人类对自然的道德态度是基于神或者上帝的旨意，将一切自然现象视为某种神秘莫测的力量控制的结果。上帝是一个超越一切力量的存在者，是决定是非善恶的终极存在和道德依据，爱上帝和爱自然如己便成为其道德律的两个基本成分。③

第四种路径是从人和自然和谐发展出发的生态人类中心主义。持这种路径观点的学者认为，人和自然是有机统一的整体——生命共同体，这个共同体中每一物种都有各自的生态位、差异性和相互依存性，而每个生物的这种生态位在扮演各自不同角色时，既是为了自身的存在又是利于其他物种的存在，人类的存在以及同其他物种相互依存、相互作用的存在就是为了自然的整体完整和

---

① 杨通进．人类中心论与环境伦理学［J］．中国人民大学学报，1998（6）：54～59.

② 曾建平．自然之思：西方生态伦理思想探究［M］．北京：中国社会科学出版社，2004：42～48.

③ 陈墀成．全球生态环境问题的哲学反思［M］．北京：中华书局，2005：58～60.

生态系统的健康完善做出了贡献。因而既要承认人类利益，要在全人类利益原则基础上用全人类的道德原则谋求世界各国人民的共同繁荣，同时也要承认地球生命的生存权利，尊重自然界，倡导人与自然的协同进化，谋求人与自然的共同繁荣。[①]

（五）关于人与自然关系同科学发展观之间的关系问题

关于二者的关系问题，学术界的观点一般认为，如何处理人与自然关系的生态思想在科学发展观理论中是一条非常重要的主线。[②] 在人与自然关系的认识上，科学发展观实质上遵循了协同进化的生态规律，体现了人与自然互存共荣的理念。自从人类在地球上诞生开始，自然就逐渐地演化为人化自然，因此，我们不能否认人与自然存在的差异性，也不能把人和自然看成孤立的个体，更不可能排除人对自然的干扰。把协同进化规律移入人与自然之后，它不仅使自然界作为一个开放的生态系统，按照能量的进出和交换及其自身的能量循环规律照常运行，而且它还可以使人发挥他的能动性对人与自然相互依存的关系加以协调。科学发展观的主要内涵就是以人为本、全面、协调、可持续，这些内涵表现在生态思想方面就是以辩证思维来思考人与自然之间的关系，以人与自然的和谐发展为价值核心。这种和谐发展是一种动态的和谐，既包含人与自然为了各自生存互相竞争、互相排斥、互相制约的关系，也有为了共同的生存、为了人与自然之间关系平衡而存在的相互受益、相互依存的关系。[③]

笔者也发表了一些与本研究直接或间接相关的初期成果，如：《社会发展与科技的生态化转向》《生态人本主义的环境伦理理念——人类中心主义与非人类中心主义走向整合的产物》等文章。

二、研究现状评价

从上述对人与自然关系研究成果的梳理来看，当前关于人与自然关系的哲学讨论，主要有以下几个方面的特点：

第一，从现有的学术成果来看，国外起步比较早，相对比较成熟；而国内的学者将人与自然关系从某个侧面列为直接研究对象的学术研究集中出现在党的十六大之后，尤其是党的十七大报告提出建设生态文明之后对此问题的研究

① 余谋昌，王耀先．环境伦理学［M］．北京：高等教育出版社，2004：233.

② 牛文元．全面建设小康社会的科学发展观［J］．中国科学院院刊，2004（3）：194～198.

③ 黄富峰．科学发展观与生态思维［N］．光明日报，2004-6-5（4）.

日趋增多，研究成果迅速大量地涌现出来。西方学者在批判和反思中积极探索建立人与自然平衡的关系，主要是作为生态伦理学研究的一部分内容进行探讨的。西方生态伦理学家的这些探索是有益的，它为我们多侧面多向度地诠释人与自然之间的道德意蕴提供了很多思路和依据，为本书的研究奠定了良好的基础。

第二，从研究的内容上看，国外学者多集中于对公害、生态危机引发对人与自然关系的哲学思考；我国学者主要集中在对国外理论成果和思想的消化吸收，以及对中国传统文化中生态智慧的理论挖掘上。这些对于本书的研究均具有重要的参考价值和极大的借鉴意义。但总的来看，理论界对人与自然关系的哲学研究仍处于破题阶段，虽然逐步向纵深领域过渡，但探索得还不够深入，仍有较大的研究空间和领域。

第三，就研究方法而言，我国的专家学者在对人与自然关系的哲学探讨中学理性探讨占绝大部分，对策性研究的论文和实践性研究的专著相对较少，对于实践的指向并不够明确和深入，还有待于更深层次地探索和研究。由于在学理的层面上的研究较多，学者们研究中使用的学科工具主要有政治学、历史学、法学、社会学、人类学、环境科学、伦理学和哲学等学科研究，而运用统计学等学科的相对较少，这样势必导致个案调查、量化分析等研究方法在研究领域的使用十分有限。另外，真正放在哲学的视野或话语中系统地思考该问题的成果还不是很多。在国内课题中，也鲜有直接把人与自然和谐共生理念作为哲学选题的。

第三节　难点及创新

一、研究的重点

在写作过程中，本书力图通过历史、理论、主体、客体、现实等五个维度的研究和分析，从人与自然和谐共生意识产生的现实根源入手，着重解读人与自然和谐共生的内核实质及合理性，深入探讨这一理念的现实指向问题，为相关理论研究和实际部门的科学决策提供某些帮助，进而为我国生态文明和社会主义和谐社会建设实践尽绵薄之力。

二、研究的难点

第一，在资料的取舍上，由于资料的来源很广，既有第一手资料，也有第二手资料；既有发达国家专家学者的论述，也有国内专家学者的论述；既有政府部门的调查成果，也有民间组织和个人的调研结论；他们对某一问题发表的观点往往迥然不同，甚至截然相反。如何以辩证唯物主义和历史唯物主义为指导，客观、准确地认识和把握已有的研究成果，需要作者有较为深厚的学术积淀、较为宽阔的文化素养和世界眼光。由于能力有限和时间紧迫，把这个问题解决好对作者来说存在诸多困难，将是一项挑战。

第二，在人与自然和谐共生内涵的界定上，涉及政治学、哲学、法学、历史学、社会学、生态学等多门学科，在研究中难以周全。另外，人与自然和谐共生内涵广泛而深远，且随着时代的变迁而不断变化，把握起来有一定的难度。特别是在行文中如何才能做到详略得当、重点突出而又有很强的系统性，是又一个难题。

第三，处理人与自然关系问题是新时期党中央建设中国特色社会主义以实现中国和平崛起的关键所在，也是事关生态文明和社会主义和谐社会建设的热点问题。理论研究最后总是要为具体的实际工作服务，现阶段如何在和谐共生理念下推进人类及社会发展，在笔者看来也是本书在写作过程中一直想要不断加强和努力的学术目标和难点。对于一些设想与具体的相关利益个人或团体相悖之处，客观地说还有些疑虑和困惑，这也影响着对问题探索的进一步深入。

三、创新点

本书在对人与自然和谐共生的探索中，力图在以下几方面有所创新：

第一，本书从构思视角和结构框架上力争有所突破。本书不同于以往许多学者从生态伦理的视角研究人与自然关系的做法，而是从当前生态危机的现实问题入手，从马克思主义哲学的高度进行研究，分别从历史、理论、主体、客体和现实等五个维度作了比较全面、系统和深入的分析。

第二，本书把人与自然关系的思想演进划分为古代原初统一时期、近现代外化分离时期和现当代对立碰撞时期等三个阶段。这相对于前人从人性观或生态文明的角度对其进行历史考察是一个新的概括。

第三，本书对人与自然和谐共生的概念界定和合理性分析是一个创新。不但从过程与目的、从共时态与历时态对“和谐共生”作了界定，而且揭示了它与马克思主义自然观和科学发展观的高度一致性。本书对人与自然和谐共生的价值合理性、工具合理性、道德合理性和文化合理性的分析在学术界也是一种新尝试。

第四，本书从客体角度分析人与自然的和谐共生是一个创新。人与自然和谐共生固然关键在人，同时这也是包括人自身的自然在内的客观世界演进发展的内在要求。关于这后一方面，以往的著述很少谈到。因而，从这一层面把握人与自然的和谐共生也成了理论创新点。

第五，本书对人与自然和谐共生的现实意义的分析也力求有所创新，分别从发展观念、经济模式、政治过程、社会万象、科学技术等方面论述了建设环境友好型社会，实现人与自然和谐共生的有效途径。

第四节 思路和方法

一、研究思路

本书以马克思列宁主义、毛泽东思想、邓小平理论和“三个代表”重要思想为指导，按照科学发展观的要求，以人与自然关系的哲学研究为主线，在已有研究成果的基础上，对人与自然和谐共生理念进行系统地剖析和研究，以现实国情为立足点，借鉴国内外处理人与自然关系的理论与实践的经验。同时，以丰富的资料分析为切入点，把握循环经济建设与低碳经济运行规律，以期从总体上设计出我国生态文明和社会主义和谐社会建设的新思路，为彰显中国特色社会主义和巩固党的执政地位提供理论依据和政策支持。

全书包括导论、正文（五章）和结语。

导论部分主要阐明选题的理论意义和实践意义，分析了本课题的研究现状，介绍了全书的基本思路、重点、难点以及创新点，说明了研究中的主要方法。

第一章 人与自然和谐共生的历史维度。通过对人与自然关系的历史考察，阐明了人们的生态需求意识的觉醒。

第二章 人与自然和谐共生的理论维度。在对“人与自然和谐共生”进行概念厘定和解析的基础上，阐明“人与自然和谐共生”的内核实质，并对其进行合理性分析。

第三章　人与自然和谐共生的主体维度。从人的主体效应出发，分析实现人与自然和谐共生的中介及其主体性和关键的焦点。

第四章　人与自然和谐共生的客体维度。分析说明保护环境是客观世界平衡的要求。

第五章　人与自然和谐共生的现实维度。分别从发展观念、经济模式、政治过程、社会万象和科学技术等五个方面具体论述了人与自然和谐共生理念的现实导向，构思了建设生态和谐的社会主义之对策。

结语部分明确提出了中国以科学发展观为指导走资源节约型道路、构建环境友好型社会的必然与必要。

二、研究方法

本书在研究方法上主要采取：

（1）多学科、多领域综合统一的方法。人与自然的关系问题涉及面较广，本书将综合采用哲学特别是中国特色社会主义理论和实践的视角来审视这一复杂问题，在研究方法中力求强化多学科、宽视角，突出研究中的多重性，使得研究的学科交叉和综合性加大。在充分整合社会学、政治学以及法学等方面学术资源的基础上，实现“整体理解中突出哲学特点”的研究目的。

（2）实证分析与规范分析并用的方法。实证分析和规范分析是社会科学常用的主要方法。实证分析大多与“是什么”的事实判断密切相关，而规范分析则是作出“应该是什么样”的价值判断。本书采用实证分析和规范分析相结合的方法，努力从实践中抽象出人与自然和谐共生的理论，并用理论来指导生态文明建设的实践。

（3）批判原则与建构原则相结合的方法。人与自然和谐共生命题的深刻性和现实意义就在于其本身的不断否定和不断发展。自然的变化和人的生存方式的变迁总会给人与自然关系思想注入新的内容，这些新的内容内化过程就必然意味着对一些内容的扬弃。在对中西方人与自然关系思想进行批判的基础上，建构全新的“人与自然和谐共生”的理念，并结合社会生活发生的巨大变化和时代的具体要求，诠释人与自然关系的时代内涵。

以上方法是本书运用的主要研究方法，它们交叉运用于本书之中。除此之外，本书还运用了宏观分析方法、比较分析法、文献研究法、历史研究法等研究方法。

第一章　人与自然和谐共生的历史维度

自然界的存在是人类的起源、发展和进化的前提。当第一个手拿石器的原始人跌跌撞撞地试图站立起来的时候，人与自然分离的过程由此开端。一方面，人作为有生命的存在物起源于自然界，衣、食、住、行都依赖于自然界；另一方面，人作为有意识的主体，能够通过自己的实践活动认识自然界以及人自身的发展规律。人类的认识能力的发展是一个随着生产力水平的提高而不断提高的历史过程，不同文化形态对人与自然关系的认识、理解不同，主客体的关系也就有所不同，原因是“人作为有目的有意识的具有能够创造能力的存在物，能够制造和使用工具，通过工具系统的中介作用于自然界，改造、调控环境，重建属于人的现实世界，使之适合自己生存与发展的需要。人类存在的本性和特点决定了人与自然的关系是在改造和被改造的过程中而不断地、不可逆地向前发展的”[①]。人类从自然界中分化出来以来，就把自然界作为自己的研究对象，由此也经历了人与自然原始统一的天人合一、人与自然分化外离的控制自然以及人与自然和谐共生的认识过程。每一阶段都与当时的生产力水平紧密相关。

第一节　人与自然的原始统一与天人合一思想的孕育

人类源于自然，人类自产生之日起就与自然打交道。人从哪儿来？人是什么？人到哪儿去？答案都应该归结到自然去，它在人的生成、存在和发展中始终处于“先在优先性”的地位。而自然的进化恰恰又是在有了人类的参与之后变得更为迅速。在人类早期，由于生产力水平低下，科学技术不发达，人们对

---

① 杨信礼．发展哲学引论［M］．西安：陕西人民出版社，2001：44．

自然界、自身和社会的认识能力有限。正如马克思和恩格斯所说，“自然界起初是作为一种完全异己的，有无限威力和不可制服的力量与人们对立，人们同它的关系完全像动物同它的关系一样，人们就像牲畜一样慑服于自然界”①。在这种原初的人与自然的对立统一关系中，自然界对人的压迫是人与自然关系的主导方面，人在其中只是处于一个顺从、被动的地位。这种原始水平生产力的低下现状导致了将人与自然划入一个统一的整体之中，即“天人合一”思想的形成。

一、人是自然之子，又是自然进化的动力

历来关于自然与人的关系的哲学讨论，大都是围绕着自然与人谁具“先在性”的问题来进行的。例如，传统唯物主义就从发生学角度以自然为基础来解决人与自然的统一问题；西方马克思主义者从马克思关于劳动异化的角度，特别是通过解释青年马克思的手稿来阐发他们关于人与自然相统一的理论。人首先是一种自然存在物，是自然界长期发展进化的产物，是自然界的一个组成部分。人与自然的亲缘性被恩格斯称之为人类作为地球上最美丽的花朵乃是自然之子，这美好的比喻似乎已经足以证明了人的确是自然之子、天之骄子。如果怀疑“似乎”的话，就不妨看看我们人类创造的辉煌灿烂的物质文明和精神文明，看看我们人类如此发达的科技成果，看看我们人类迈向宇宙更远处的脚步。所以，从生命的历程以及人的生存发展情形来看，自然万物虽非只为人而存生但确实先于人而存生，这几乎不证自明了“人乃自然之子”的公理。在神圣的大自然面前，人类冠以其“自然母亲”“地球妈妈”等亲切的称呼。人类的生活既是自然而然的，又是与自然母体融在一起的，“既然地球是我们的母亲，如果不善待环境，就等于对母亲不孝是一样的道理，所以永续发展是孝道的延伸，也是家庭管理的延伸”②。这就意味着孝敬自然是为人之本。孔子也曾说：“伐一木，杀一兽，不以其时，非孝也。”他把人们对自然万物的珍惜之情，上升到了道德的高度。

其一，人是自然之子，这里有三层意思：一是自然界永远是人幸福生活的母体。人类作为大自然中的一个生物种群，是大自然的母体孕育出来的高级和先进的生命物种，其生存、发展依赖自然生态系统的稳定和进化。“人本身是

---

① 马克思恩格斯选集·第1卷［M］．北京：人民出版社，1956：81～82.

② 王秀俊．环境社会学的出发［M］．台北：台湾桂冠图书股份有限公司，1994：282.

自然界的产物，是在他们的环境中并且和这个环境一起发展起来的。”[①] 人的智慧、力量和创造性是目前地球上其他物种无法比拟的，所以堪称“天之骄子”。二是人类在相当长的历史发展中是作为自然界的一分子、作为自然大集合的一个子集而“处在生态系统的运行方式中”[②]，即人与自然关系主要表现为一种原生态或称原初的和谐关系。三是无论人类智慧如何发达，力量如何巨大，创造出的科技如何先进，都不过是大自然中与所有的动物、植物、微生物等皆为同等意义上的一个生物种群，这个法则是无法改变的，正如齐天大圣无论神通如何广大，都不过是在更高层次的如来佛祖的手掌心里翻跟头一样。人类尽管是自然进化的最高产物，是具有自我保护意识和能动创造力量的社会性存在物，但仍然是自然界这一无机界的一个有机构成部分，仍然是参与自然过程的一个因子，仍然需要与自然界进行能量、信息等的材料交换以维系其物质的生命，仍然是由自然界为其提供认识和审美的工具和对象以维系其精神的生命。“人靠自然界生活……所谓人的肉体生活和精神生活同自然界相联系，也就等于说自然界同自身相联系，因为人是自然界的一部分。”[③]

其二，人与自然万物同生共运，圆融共舞，实际上取决于人与自然的同构性。只要是人，所做的事情，都受其最根本动物性与生俱来的特性的影响。这就是同构性，是与自然万物都具有相同的或者说是相类似的系统结构的性质。几千年来，这一同构性从来就没有变过，随着人类的发展一直在继续。人类社会现象林林总总，纷繁复杂，人类行为的同构性正是打开人类行为和表现在这万千的社会变化中有其本质不变的唯一性疑团的一把钥匙。在历史中，人们总是说历史总是惊人的相似。其实历史由人创造，相似的背后是人类行为同构性的表现，正是这个同构性，让我们从根本上把握到整个社会的发展和人类创造的过程。

人不仅是自然进化的“天之骄子”，还是推动自然进化的动力。自从人类出现后，自然的进化便打上了人类的烙印，形成一种综合性的人为规定的进化，亦即人文进化，原因是自然也要纳入人的秩序，以满足人类的需要和适应人类的需求。“人的活动已经成为自然进化过程中的一个构成要素的后果。”[④] 自然自生自稳与生物进化、人类社会升级之间形成了一种复杂的共济关系，或

---

① 马克思恩格斯全集·第20卷［M］．北京：人民出版社，1971：38～39.

② ［英］克莱夫·庞廷．王毅，张学广译．绿色世界史［M］．上海：上海人民出版社，2002：416.

③ 马克思．1844年经济学——哲学手稿［M］．北京：人民出版社，1979：52.

④ ［加］威廉·莱斯．岳长龄，李建华译．自然的控制［M］．重庆：重庆出版社，1993：5.

者说是共生协同关系。这种“自然”“生物”与“社会”共生共济的人文进化过程加速了自然自身进化的速度。同样是自然进化的过程，但是人文进化的自然，其质量截然不同，这就是内含于现实自然中的人文因素和社会环境的推动力量。元人刘将孙说：“天地间清气为六月风，为腊前雪，于植物为梅，于人为仙，于千载为文章，于文章为诗。”这说明大自然本身就能成为文，成为诗，成为艺术。而大自然之所以成为文化和艺术，完全得力于人，是人化的结果。千千万万个人、千千万万个精神形态的人类社会的不断发展，将通过引导社会环境的精神内化，完成自然的进化过程。

二、人对自然的依附促成天人合一的思想

从人对自然的敬畏、崇拜和依附关系看，人与自然无疑具有统一关系。在远古时期，人的力量比较弱小，自然的力量无处不在；人的主体意识非常薄弱，只是从属于自然而本能地依赖自然生活。人与自然处于原始的、直接的、浑然天成的统一状态。所以，原始人崇拜自然、敬畏自然、依附自然，对自然有一种与生俱来的臣服心态。人消融和淹没于自然之中的这种主客一体的关系，表现在认识上，就是一种主客混沌互渗的原始思维。随着人在劳动实践中对自然万物的性质，特别是对农作物的季节性生长规律有了丰富的认识之后，在自然观和伦理观上便注重对自然万物生长规律的模仿利用，追求人与天的融合，这就是“天人合一”的思想，认为自然和自己一样是有生命、有灵魂的东西。“天人合一”观念之“天”，是多重多义的，其中包括自然之天。但天的多重意义又是浑然一体的，所以自然之天与主宰之天、物质之天、道德之天等并没有截然的分界。

“天人合一”的思想观念最早由是庄子阐述的，是中国古典哲学的基本观念之一。《礼记·中庸》也说：“诚者天之道也，诚之者，人之道也。”认为人只要发扬“诚”的德性，即可与天一致。后被汉代思想家、阴阳家董仲舒发展为“天人之际，合而为一”的哲学思想体系，并成为两千年来儒家思想的一个重要观点，由此构建了中华传统文化的主体。这也是中国哲学讲究的一种发展整体性。张岱年先生将之概括为四点：天人合一，以人为本，刚健自强，以和为贵。天人合一，这里的“天”，就是作为人类生产和生活环境的自然界，是人类生存栖息、繁衍发展的家园；这里的“人”，则是作为实践和发展主体的人，是生产生活在大自然家园里的最主要角色。人同其他动物一样，是自然秩序中的一个存在。所有的存在相互依存而成为一个整体，息息相通。人体内的

运动规律与宇宙天体、自然界的运动规律是高度一致的。正所谓："天地之道，可一言而尽也，其为物不贰，则其生物不测。"在那样的农业社会里，人们把"万物自生"的地称作"土"，把"人"所耕种的地称为"壤"，强调人在成壤方面的主导作用和人与土壤的和谐。所以，歌德曾说："（在中国）人和大自然是生活在一起的。你经常听到金鱼在池子跳跃，鸟儿在枝头歌唱不停，白天总是阳光灿烂，夜晚也总是月白风清。"这个看法很敏锐地揭示出中国人的生活特点，同时也揭示出中国文化、艺术和美学的特点。在悠悠远古时就奠定了"以农为本"的中国社会里，中国哲人必然体认到了人与自然结下的不解之缘以及天人一体的相关性。

"天人合一"中的"天"是指万事万物、草木众生，是产生人的本源。古人云："今夫天，斯昭昭之多，及其无穷也，日月星辰系焉，万物覆焉。今夫地，一撮土之多，及其广厚，载华岳而不重，振河海而不泄，万物载焉。今夫山，一石之多，及其广大，草木生之，禽兽居之，宝藏兴焉。今夫水，一勺之多，及其不测，鼋鼍、蛟龙、鱼鳖生焉，货财殖焉。"（《礼记·中庸》）荀子曰："无土则人不安居，无人则土不守。"（《荀子·致士》）这些都是在说"天人合一"的"天"是人所以能发生、演化、繁衍、发展的前提。

"天人合一"中的"人"指的几乎全是或主要是由宗法人伦（其核心是亲属血缘人伦关系）所形成的家族、民族、国家这类整体和在这种人伦之网中被分别规定下来的一切个人。"己"表示的是一种关系体。"己"者，只有在"关系"中才有其意义。人以关系的形式存在，其意在于把社会生活的重点"放在了关系上了"（其重点不是社会，也不是个人）；作为社会生活最小单位的个人，是依赖于他人的"关系"者。①

组成"天人合一"说的有三个方面，即"天人一体""天人之分""天人相参"②，这三个层面互相配合，互相辅助，缺一不可。其一，"天人一体"是指浩瀚自然万物皆存于一体中。生死一体；盛衰一体；兴亡一体。天、地、山之草木、水之水生物等，均是人赖以生存的资源。其二，"天人之分"包括了三层含义：一是"天"和"人"各有分别，是有各自的特性、各自的职能的；二是"天"和"人"合而不同，以浅显的生活认知便可区别水火、草木、禽兽、人类的不同；三是"天"和"人"分而不离。天人是相依相符的，是不可分离

---

① 邓文平，雷涛．儒家天人合一思想的内涵与实质［J］．江西社会科学，2010（4）：60～63.

② 徐诚，寿杨宾．"天人合一"及其现代意义［J］．青岛科技大学学报（社会科学版），2010（3）：8～11.

的。其三，“天人相参”是参与入世的精神，这种积极参与不是盲目的，也不是随心所欲的，须依自然（主要是气候）的变化而行，强调“无逆天数”“必顺其时”，人恪守生态伦理之道，是有助于天地万物生生不息的。[①]

“天人合一”的天人关系表现为：

第一，天与人的关系是一种本原与派生的关系。天是万物的本原和始基。天在先，人在后。天是人的造物主，人是天的子民，是天的副本，是天的“拷贝”。人的一切包括人的生命都不是自有的，而是上天施舍的，上天随时可以将其收回。由此，人不是自有、自主、自由的，而是上天的派生物。

第二，天与人的关系是决定与被决定的关系。天与人不是在同一个层面的。天高高在上，是最高最大的世界权威，主宰世间和人的一切；人则是卑微而渺小的，完全为天所控制、掌握。人与天是不可能平起平坐、平等对话的。

第三，天与人的互动不是均衡的，相比较于人对天的影响，天对人的影响是具有绝对优势的。天实施着最高权威的职能，可以在冥冥中安排人、操纵人、指使人，并且能够使人始终如一地相信它、服从它，我们的一切言论、行为甚至思想都不该违背天的意旨、规定和目的。顺从天意，天可能会赐福于人；违背天意，天必将降祸于人，正所谓“天威难测”，“天意不可违”。而人对于天的影响和作用几乎是完全被动的、微乎其微的，人通常只能揣测天意，乞求上天或者诅咒上天，除此之外，别无他法。因为人的力量和智慧在天面前是无能为力的。

第四，天是人世生活的最后希望和凭依。天是世界万物的根本，是所有人生活在世的物质和心理的根据。不仅人的生命和维系生命所需的一切物质条件源自于天，而且天也是人一切精神活动的源泉和支撑，人的一生不过是体现天意、顺应天意的活动过程。没有天，人在物质上、心理精神上可能只剩下一个空洞的“无”，所以，天是人最大、最可靠的依托。因此，儒家天人合一的内涵并不是两个平等主体之间的和谐统一，而是天尊人卑、天主人从，人们为了得到上天的眷顾，匍匐于天地之间，对天顶礼膜拜，听命于天，迎合于天，顺承天意，遵守天道（人道是天道的延伸），从而保全自我。[②]

中国传统思想文明与思想理念的精髓和主旨就是要探索和获取“天”与“人”的亲和性，就是要力求达到人与天地万物的和乐、和睦、和谐与和融，

① 徐诚，寿杨宾．“天人合一”及其现代意义［J］．青岛科技大学学报（社会科学版），2010（3）：8～11.
② 邓文平，雷涛．儒家天人合一思想的内涵与实质［J］．江西社会科学，2010（4）：60～63.

就是要获得那种“天地与我并生，而万物与我为一”（《庄子·齐物论》）、“范围天地之化而不过，曲成万物而不遗”（《易传·系辞上》）、“民，吾同胞；物，吾与也”（张载《西铭》）的理想状态与思想自觉。这不仅是一种“同与应”的关系，而且是一种内在的生成关系和实现原则。天地之道是生成原则，人之道是实现原则，二者缺一不可。张岱年先生认为：“中国古代的天人合一思想，强调人与自然的统一，人的行为与自然的协调，道德理性与自然理性的一致，充分显示了中国古代思想家对于主客体之间、主观能动性与客观规律性之间关系的辩证思考。”[①] 自然之天，高高在上，深不可测，天地是父母，万物皆兄弟。董仲舒提出，天是人的曾祖父：“为生不能为人，为人者，天也，人之为人本于天，天亦人之曾祖父也，此人之所以乃上类天也。”[②] 又说：“无天而生，未之有也。天者万物之祖，万物非天不生。”[③] 所以，人类必须尊重天地万物，应有虔诚的敬畏之心、感恩之心、孝悌之心、亲爱之心、友善之心。孔子曰：“天何言哉？四时行焉，万物生焉。天何言哉！”（《论语·阳货》）有了这“五心”，才能和天地万物为一体。

在西方古代文化，突出地表达原始人对自然崇拜敬畏之情的是大小宇宙的观念。早在公元前5世纪，古希腊医生、哲学家阿尔克迈翁就提出过人是一个“小宇宙”，是“大宇宙”的缩影，人体是世界构造的反映。公元前3世纪，斯多葛派的创始人芝诺认为，整个世界由一个绝对的力量统治着，这力量就是太阳，因为太阳是大宇宙的心脏，有如心脏是人这个小宇宙的器官和统治力量一样。毕达哥拉斯派也曾把人的灵魂系统看作是天体系统的复制品。柏拉图更把人与宇宙作了类比，还据此推演出大宇宙的性质、结构与人体结构的相互关联。而古希腊哲学中的最后一个学派新柏拉图主义深信人在宇宙所有部分既有的普遍共感中，会成为与天界星球处处存在对应性的作用力受体。古希腊文化对自然持一种物活论和本体论观念，所以希腊哲学主要是自然哲学。主张“合乎自然本性”是人生活的目的，人类应该让自己的自由意志顺服自然本性、与自然和谐相处。

“大宇宙”和“小宇宙”的理论影响之大，在古代西方自不必说，甚至到了文艺复兴时期，不少人还仍然赞同世界和人是对应的，认为整个人类的国家的兴亡、朝代的更替、战争的胜负、经济的荣衰等事件，全都是由于天体作用

---

① 张岱年，方克立．中国文化概论［M］．北京：北京师范大学出版社，1984：381.
② 【汉】董仲舒．春秋繁露［M］．上海：上海古籍出版社，1989：64.
③ 【汉】董仲舒．春秋繁露［M］．上海：上海古籍出版社，1989：85.

所使然。尽管这是一种有机论的自然观，但他们强调只有当个体与自然和谐的时候才是善的思想同中国的“天人合一”如出一辙。中国古代的“天人合一”思想和西方古代的“大宇宙”和“小宇宙”思想反映了人类自身的渺小和自然界的强大，自然界还是作为一种完全异己的、不可遏制的、威力无限的以及有些神秘的力量而存在着。

第二节　人与自然的分化外离与敬畏自然向控制自然观念的转换

科学技术的进步和生产力水平的提高是一个渐进的历史过程。随着这个过程的推进，人类对自然界的了解越来越多，认识越来越深刻，主体能力越来越强，不像先前那样对自然界巨大力量的恐惧和完全依赖于自然界所能给予的物质生活条件。近代文化中“主客二分”思维模式逐渐取代了古代文化中主客一体直觉体悟式原始思维方式，人对自然的认识关系取代了人与自然的共在、融合关系，人对自然的统治取代了臣服。人控制自然、征服自然的欲望和观念随之转换而来。

一、主客二分思维对人的主体地位的确立

近代西方的思维方式是主客二分式的，这成了西方哲学建立的基础。张岱年曾说，西方哲学在根本态度上是主客二分的，“西洋人研究宇宙，是将宇宙视为外在的而研究之”①。成中英也认为，西方思想的起点是“主体自我与客观世界的分离”，它“要求对客观世界有一主客的分辨”②。季羡林也多次讲，西方的思维方式是主客二分的。的确，从15世纪开始，人类文明进入了新纪元，人与自然的关系以笛卡儿“我思故我在”的著名命题发生了重要的转折。

笛卡儿认为世界可以严格地被区分为物质和心灵两部分：心灵的本性是思维，是能动的，物质的本性是广延，是被动的；心灵与物质两个实体各自独立，彼此平行，互不影响，这就是他的双实体理论或二元论，即主体（人）与

① 张岱年．中国哲学大纲［M］．北京：中国社会科学出版社，1982：7.
② 成中英．论中西哲学精神［M］．上海：东方出版中心，1991：11.

客体（人之外的自然）的二分。既然心灵与物质相分离，那么心灵（主体）是如何把握完全异在于人类之对象（客体即自然）的呢？笛卡儿企图通过纯粹理性的方法即数学方法去建立真理体系，用怀疑法对一切进行怀疑并从中确立第一原理。在这里，笛卡儿指出："只要我们在科学里除了直到现在已有的那些根据以外，还找不到别的根据，那么我们就有理由普遍怀疑一切，特别是物质性的东西。"[①] 他还指出，我们已有的、真实可靠的知识都是从感官或者通过感官得来的，不过，需要指出的是，感官有的时候会欺骗人，为了慎重起见，我们不能相信那些欺骗过我们的东西。在他普遍的、彻底的怀疑下，他发现，只有思维着的我和上帝是确定不移的存在。笛卡儿那句著名的"我思故我在"中的"我"指的是"自我"，但并不是指人的身体，而是"一个实体，这个实体的全部本质或本性只是思想，它并不需要任何地点以便存在，也不依赖任何物质性的东西"[②]。即指脱离物质的"心灵"，为此，他的"自我"仅仅为一种脱离于经验的超验的实体。所谓"实体"是指无段他物便独立存在的东西。

笛卡儿从小养成的独立思考的习惯（参阅专栏 1-1），引发了"我思""我怀疑"，进而阐发了其中的"我"作为反思性思维实体的这层含义。心灵在身体中，就像舵手在船上。心灵是一个思考着的实体，身体也是一个实体，"我思"（心灵、思想），实际上是包含了"自我"与"理性"两层含义的一个实体，于是，在这里，作为纯粹的哲学表现，笛卡儿的精神与自然的二元论直截了当地体现了被投影的人与自然关系中的主体——客体的关系，即凭着"我思故我在"这个逻辑杠杆的支点升起了"真正的自然体系"，并且明确形成了西方哲学史上的"主客二分"模式，确立了人的主体地位。

专栏 1-1　关于笛卡儿

勒奈·笛卡儿（Rene Descartes），1596 年 3 月 31 日生于法国土伦省莱耳市的一个贵族家庭，是伟大的哲学家、物理学家、数学家、生理学家，解析几何的创始人，是欧洲近代资产阶级哲学的奠基人之一，黑格尔称他为"现代哲学之父"。他自成体系，融唯物主义与唯心主义于一体，在哲学史上产生了深远的影响。同时，他又是一位勇于探索的科学家，他所建立的解析几何在数学史上具有划时代的意义。笛卡儿堪称 17 世纪的欧洲哲学界和科

---

① ［法］笛卡儿．庞景仁译．第一哲学沉思集［M］．北京：商务印书馆，1986：10.

② 北京大学哲学系．古希腊罗马哲学［M］．北京：商务印书馆，1961：138.

学界最有影响的巨匠之一，被誉为“近代科学的始祖”。笛卡儿的父亲是地方议会的议员，同时也是地方法院的法官，因家境富裕、从小多病，学校允许他在床上早读，养成终生沉思的习惯和孤僻的性格。1606 年，他在欧洲最有名的贵族学校——耶稣会的拉弗莱什学校上学；1612 年，到普瓦捷大学攻读法学，四年后获博士学位；1616 年，在普依托大学学习法律与医学，对各种知识特别是数学深感兴趣；在军队服役和周游欧洲中他继续注意收集各种知识，借机游历欧洲，开阔眼界；1621 年回国后，时值法国内乱，于是他去荷兰、瑞士、意大利等地旅行；1625 年返回巴黎；1628 年移居荷兰后，对哲学、数学、天文学、物理学、化学和生理学等领域进行了深入的研究，并通过数学家梅森神父与欧洲一些学者保持密切联系，写出了《指导哲理之原则》一书；1634 年完成了以尼古拉·哥白尼学说为基础的《论世界》一书，书中总结了他在哲学、数学和许多自然科学问题上的一些看法；1629—1649 年在荷兰写成《方法谈》(1637) 及其附录《几何学》《屈光学》《形而上学的沉思》(1641)、《哲学原理》(1644)。笛卡儿受瑞典克里斯蒂娜女王之邀于 1649 年来到斯德哥尔摩，但不幸在这片“熊、冰雪与岩石的土地”上得了肺炎，1650 年 2 月11 日卒于斯德哥尔摩，辞世后还出版有《论光》(1664) 等书。他的哲学与数学思想对历史的影响是深远的。人们在他的墓碑上刻下了这样一句话：“笛卡儿，欧洲文艺复兴以来，第一个为人类争取并保证理性权利的人。”

资料来源：http://baike.baidu.com/view/4704.htm

康德、洛克、培根等人也高扬人的主体能动性。康德在哲学史上第一次系统地论证了主体的认识能动性，提出“人为自然立法”，强调把主体的理性认识功能提高到先验自我的地位。在康德那里，普遍的人类理性是一种先验自我意识，它分为理论理性与实践理性两类。理论理性是产生自然规律、“为自然立法”、可以把整个自然看成符合目的的自然的主体自发性思维，凸显了人类的认识主体地位。实践理性则是人的行为所依据的、产生道德原理的意志，凸显了人类的道德主体地位。他指出，所谓“人为自然立法”，实际上就是人以范畴作为规律去规定作为现象总和的自然。康德哲学是高扬人类理性的哲学，其哲学体系及其人权思想根本上是为了提高人的主体地位。康德高扬主体，其主调是人，贯穿于主调始终的主线是先验自我的人之理性。高呼人的尊严、人的价值、人的高贵人格，这充分体现了康德哲学的主体主义和启蒙精神。

培根主张要深入到自然里面去研究“物质的结构和结构的变化”，那句“知识就是力量”的名言至今对我们仍有很大的启示意义（参阅专栏 1-2）。他通过对介入认识中的理性因素的深刻分析，论述了人类在长期的生活、实践活动中积淀而成的思想、观念对其认识的消极影响和主体通过直接、间接的方式获得的经验与知识对其认识所起的消极作用，以及语言所具有的约定俗成性质对思维产生的约束限定作用，把人们认识上的主观性、片面性及思想上的封闭性等看作是由介入认识的主体因素的消极作用所致，这样，便为认识能动性找到了其主观根源。在培根的象说中，认识被看成是对象在主体感官上留下的印记而形成的直观的物象，于是培根告诉人们的是要深入到自然里面去研究，当人们依据其先存观念去把握外界事物时，将观念作为主体因素在认识中对研究物质的结构和结构的变化所起到的某种积极作用发挥出来。承认认识的主体性，对于人能够能动地认识自然和改造自然是至关重要的；肯定知识的力量，对于研究自然也是十分必要的。

专栏 1-2　纪念培根：专家解读“知识就是力量”的现实意义

切实做到尊重知识、尊重科学和尊重人才，是培根“知识就是力量”这一论断留给当代人的最主要的启迪。中共中央党校原副校长邢贲思在接受新华社记者采访时阐述了这一看法。

培根被马克思称为“英国唯物主义和整个现代实验科学的真正始祖”，他在数百年前提出“知识就是力量”的观点，“对今天仍有很重要的现实意义。”邢贲思认为，这一论断的现实意义，主要体现于它概括了科学技术在当代所起的重要作用。

无论是从国际范围还是从中国历史来看，科学技术所起的作用都日益明显。目前，中国正处于发展的关键时期，面临着优化经济结构、合理利用资源、保护生态环境、促进地区协调发展、提高人口素质、彻底消除贫困等一系列重大任务。完成这些任务，都离不开科学的发展和进步。邢贲思指出，中国经济社会发展面临的人口、资源、环境和生态等压力越来越大，解决这些困难，需要进一步发展科学技术。“我们必须依靠科学技术，走合理控制人口增长、节约自然资源、保护生态环境的可持续发展道路。”“从国际上来看，当今自然科学发展突飞猛进，对中国既是机遇也是挑战，我们必须要大力发展科技，迎头赶上。”邢贲思说，科学技术对于发展中的社会主义大国至关重要，事关中国的前途和命运。

从根本上说，加快科技发展，全面推动经济振兴和社会进步，都取决于劳动者素质的提高和大量高素质人才的培养。因此，要真正将知识转化为力量，就需要尊重知识、尊重科学和尊重人才。

资料来源： http：//www.sina.com.cn 2006 年 04 月 08 日 新华网

洛克把“实体”看成是物体的“一切存在的性质的一种支托”或“支撑者”，即是一种“实在本质”，主张否定自然的过程就是通往幸福的道路。首先，洛克反复强调实体是可感性质的“支撑”。他说：“我们所有的各种实体观念，只是一些简单观念的集合体；同时，我们还假设有一种东西是这些观念所依属、所寄托的。”① 他还说，实体“是支撑着一切存在着的性质的一种支托……我们叫这种支托为实体，而这个名词，在英文中的真正意义，就是支撑或支持”②。其次，洛克肯定实体存在。“我们不但应该相信物体的存在，而且亦应当相信精神的存在。”③ 并指出：“至于我们所能观念到的充实性、广袤，以及其所形成的形象、运动和静止，则不论世上有无感觉的动物来感觉它们，而它们仍是实在地在世上存在的。”④ 再次，洛克在实体问题上具有明显的二元论倾向。洛克说：“我虽证明要假设物质（物质就其本性而论是没有感觉和思想的）就是永久的原始的‘思维实体’，那乃是一种矛盾，可是我们如果说，那个原始的永久的‘思维实体’，或全能的神灵可以任意造一套无知觉的物质，并且给它以某种程度的感觉、知觉和思想，那并不是一种矛盾。”⑤ 最后，洛克进一步指出获得幸福的途径之一就是对自然的反思。反思性意识的必要前提则是对外在某物（自然万物）的自发性的意识。这指明了否定自然的反思观念由生活经验派生（参阅专栏1-3和专栏 1-4），有一个发生、发展的过程，这个过程即是直接通往幸福的必由之路。

专栏 1-3 洛克：经验主义、自然主义和享乐主义

作为哲学家、政治学家和心理学家的洛克，其经济思想必然打上其哲学、政治学和心理学思想的烙印。在一定意义上，其经济思想不过是其哲学、政

① ［英］洛克．关文运译．人类理解论［M］．北京：商务印书馆，1997：289.
② ［英］洛克．关文运译．人类理解论［M］．北京：商务印书馆，1997：266.
③ ［英］洛克．关文运译．人类理解论［M］．北京：商务印书馆，1997：286.
④ ［英］洛克．关文运译．人类理解论［M］．北京：商务印书馆，1997：353.
⑤ ［英］洛克．关文运译．人类理解论［M］．北京：商务印书馆，1997：531.

治学、心理学思想的延伸和拓展。

认识论上的经验主义

人的认识从何而来？罗素将认识论分为理性主义和经验主义。按照柏拉图以来的理性主义，认识存在于人自身，通过启示、推理、教育而显现出来。培根以来的经验主义则认为，认识来自经验，经验来自感觉。洛克是这一学说的完成者。洛克被称为“英国经验主义之父”。在继承培根和霍布斯经验主义基础上，洛克提出认识产生的“白纸说”或“白板说”。在洛克看来，人的思维本是一张白纸，不存在天赋的理性或知识。人通过感觉而形成经验，通过经验而形成知识，从而填充了白纸。他说：“我们且设想心灵比如说是白纸，没有一切文字、不带任何观念；它何以装备上这些东西呢？人的忙碌而广大无际的想象力几乎以无穷的样式在那张白纸上描绘了的庞大蓄积是从何处得来的？它从哪里获有全部的推理材料和知识？对此我用一语回答：从经验，我们的一切知识都在经验里扎着根基，知识归根结底由经验而来。”

从认识论上的经验主义是可以推导出经济上的个人主义的，因为认识来自经验，经验来自感觉，而感觉具有主观性，因此需要尊重个人的选择。洛克实际上具有自由主义的理念，但他没有将这一推理进行下去，完成这一推理的是曼德维尔。

政治理念上的自然主义——社会契约论

洛克的社会契约论直接来源于霍布斯，但洛克作了重大的修正，使之适应于资产阶级政治实践的需要。洛克认为，最初的自然状态并非如霍布斯所说的“一切人反对一切人”的战争状态，而是一种人人平等自由的状态，人人享有生存权、自由权和财产权。自然状态的缺陷是，在资源有限的社会里，人与人的冲突是不可避免的，由于缺乏对权力的规范，缺乏对利益冲突的第三方仲裁，人人成为仲裁者，根据个人的判断进行仲裁和执行惩罚。这样造成自然状态的不稳定和不方便。也就是说，自然状态的缺陷仅在于其不方便。当公民认识到，生活在一个有序的社会中会更安全，在存在法律和政府的社会中，公民的个人权利尤其是财产权利，能够得到更充分的保障。于是，人们自愿订立契约，让渡裁判权，形成公共权力，将其交给第三方，这样就产生了政府。人类于是由自然状态进入文明社会。

洛克的社会契约的结果显然不同于霍布斯。霍布斯认为，从自然状态进入文明社会意味着人们完全放弃在自然状态下享有的一切权力。所以，霍布斯理想的政府是一个专制的政府，一个绝对的、无限的政府。洛克则认为，人们为进入文明社会而达成契约，交出的只是自然状态下享有的解释和执行自然法的权力，即契约生效后，个人不再是诉讼的审判者，也不再是惩罚的执行者。人们把司法和执法的权力交给了政府。但是，人们依然保留生存、自由和财产权。在洛克看来，政治权力中的立法权仍然是属于人民的，赋予政府的仅仅是司法权和执法权。可见，洛克的政府是一个民主的政府，一个相对的、有限的政府。政府的有限性表现在，政府的存在和其权威在于必须保障人的生存、自由和财产权。或者说，在洛克看来，政府不是目的而是工具，是保障个人独立自主的工具。假如政府不能为这个目标服务，即当人民发现他们的天赋权力生存、自由、财产没有得到最高权威的尊重时，人民就有权废除原来的契约。

心理学上的享乐主义

享乐主义或苦乐主义是现代经济学的心理学基础。"经济人"假设在一定意义上是苦乐主义哲学的一种应用。苦乐主义主张人的行为动机是追求快乐和避免痛苦。现代经济学一般把边沁作为苦乐主义的创始人（边沁认为，追求快乐和避免痛苦是人的基本追求，而个人是自己快乐和痛苦的最好的评判者，由此导向自由主义。并由此得出"最大多数人的最大幸福"的福利经济学第一定理）。但是，边沁的苦乐主义观念直接来源于洛克。在《人类理智论》一书中，洛克说："快乐和痛苦，以及产生它们的那些善和恶，都是转动我们情感的链条……一种事物在我们现在享受它时，如果能产生出愉快的观念来，则它不在时，亦可以引起一种不安来。这种不安之感就是所谓的欲望。因此，欲望之大或小就看不安之感或强或弱而定……不安之感纵不是人类勤劳和行为的唯一刺激，亦可以说是他们的主要刺激。"在洛克看来，人类的行为目的是追求幸福，而幸福意味着欲望的满足，而欲望的满足在于对快乐的追求和对痛苦的避免。追求幸福和避免痛苦决定人们的行为动机和行为方式。

资料来源： 价值中国网：财经 2005 年 8 月 26 赵峰

专栏 1-4 英国哲学家、经验主义的开创人——约翰·洛克

著名的英国哲学家约翰·洛克是全面系统地阐述宪政民主基本思想的第一位作家。他的思想深刻地影响了美国的开国元勋及法国启蒙运动中的许多哲学家。

1632年，洛克出生于英国灵顿。他就读于牛津大学，1656年获得学士学位，1658年获硕士学位。青年时期的洛克就对科学产生了十分浓厚的兴趣，36岁被选入英国皇家学会。他与著名的化学家罗伯特·波意耳过从甚密，晚年又同艾萨克·牛顿结成好友。他还对医学感兴趣，得过医学学士学位，但只是偶尔行医。

洛克一生的转折点是他与莎夫茨伯里伯爵相识，成了伯爵的秘书和家庭医生。莎夫茨伯里是一位重要的自由政治思想的代言人，曾一度因政治运动而被查理二世国王囚禁过。1682年，沙夫茨伯里逃往荷兰，翌年在那里去世。洛克因与沙夫茨伯里交往甚密，也同样被看作是嫌疑分子，被迫于1683年逃往荷兰。光阴荏苒，转瞬之间他在那里度过了五个春秋，此时正值1688年的革命成功，查理二世的继承人詹姆斯二世已被赶下台去。1689年，洛克返回家园，此后一直住在伦敦。洛克终身未娶，于1704年溘然长逝。

洛克的成名之作是《人类理智论》（1690）一书，在该书中他论述了人类知识的起源、性质及局限性。洛克的观点基本上是经验主义的，弗朗西斯·培根和勒内·笛卡儿对他的影响是显而易见的。洛克的思想反过来又影响了诸如乔治·伯克利主教、戴维·休姆和伊曼纽尔·坎得这样的哲学家。虽然《人类理智论》一书是洛克最有创造性的论著，也是著名的哲学经典著作之一，但是却没有他的政治论著对历史发展的影响大。

在《论信仰自由书》（1689年初次发表时未署名）一书中，洛克主张国家不应干涉宗教信仰自由。洛克虽然不是提出在所有的宗教派别中实行宗教信仰自由的第一位英国人，但是他提出的拥护宗教信仰自由的有力论证是赢得公众支持这种方针的一个因素。而且洛克把这种信仰自由的原则扩展到非基督教徒当中去："邪教徒、伊斯兰教徒都不应该因其宗教而被剥夺国家规定的民权。"但洛克认为这种信仰自由不应扩大到天主教徒和无神论者当中去，因为他认为他们忠实于外国君主。因此按照今天的准则来看，人们会认为他是个气小量狭之辈，但是人们为他论定时应该联系他所处的时代的思想。事实上他提出的赞成宗教信仰自由的论证比他所提出的事例更能说服读者。今天在一定程度上是由于洛克的论著，宗教信仰自由才扩展到了他将会排斥的团体之中。

洛克最重要的著作是《论政府》一书，在该书中他提出了自由宪政民主的基本思想。它对所有讲英语的国家和地区的政治思想的影响更为深刻。洛克坚信人人皆有与生俱来的权力，这些权力不仅仅包括人生，而且还包括个人自由和拥有财产的权力。洛克声言政治的主要目的是保护个人及臣民的财产，这种观点有时被称为“更夫政治”。

洛克批驳了王权神授的观念，主张政府的权威只能建立在被统治者拥护的基础之上。“人在社会中的自由只受根据国家的意志而建立的立法权的限制而不受任何其他立法权的限制……”洛克强调社会契约论，这在一定程度上是源自于一位早期的英国哲学家托马斯·霍布斯，但是霍布斯利用社会契约论来为专制主义辩护，而洛克认为社会契约可以废除。每当立法者竭力掠夺和毁坏人民的财产或竭力把人民变成独裁统治下的奴隶时，他们就使自己处于与人民对抗的局面，因而人民不会进一步屈从而是被迫进入上帝为所有的人提供反抗武力和暴力的普通避难所。

而且“人民仍保留有一种至高无上的权力，当他们发现立法机关的行为与其职责相违背时，就会将其取消或改组……”洛克为革命的权力所做的申辩强烈地影响了托马斯·杰弗逊和其他的美国革命家。

洛克相信权力分散的原则，但是他认为立法机关应高于行政机关（因此也高于司法机关，他认为司法机关是行政机关的一部分）。由于洛克认为立法机关应有至高无上的权力，因而他肯定会反对法院有宣布立法机关所立的法案不合宪法的权力。

虽然洛克坚信应由大多数人统治的原则，但是他也清楚地表明政府不能拥有无限的权力。大多数人绝不能破坏人们与生俱来的权力，也不能随意剥夺他们的财产权。政府只能根据被统治者的意志来合法地没收财产。在美国，这种思想最终用一个口号来表达：“不许选代表，就不许征税。”

从上述内容可以看出，洛克实际上几乎是在美国革命发生之前的一个世纪就把他的主要思想都表述出来了。他对托马斯·杰弗逊的影响极为明显。洛克的思想也渗入了欧洲大陆——特别是法国，他的思想是导致法国革命和法国《人权宣言》的一个间接因素。虽然洛克不像伏尔泰和托马斯·杰弗逊那样闻名，但是洛克的作品产生在他们之前，对他们有强烈的影响。

资料来源： 节选自 http：//history.114la.com/10/28/12515.html

总而言之，如上这些诞生于西方哲学且立足于认识论的主客二分思维模式使人与自然的关系由一体化走向疏远和分离，由相互依存走向工具化。人类自近代以来，摧垮了自然的神话，建立起自己的主体性神话。主客二分论的渐趋成熟促进了各个分门别类的科学研究的昌盛，科学技术和生产力也由此得到极大的进步与发展，为人类的积极进取和继续进军自然提供了无穷的动源。从这种意义上说，它对人类社会走向现代化起到了巨大的推动作用，是有积极意义的。

二、人对自然的征服助就人控制自然的观念

把自然作为认识和改造的对象，自然被看作是相对于人类的自然，而不是人类生存于其中并与之有血肉联系的自然。人类由过去对自然的崇拜和恐惧转变为对科学理性和人自己的敬畏，转而把自然看作是可以利用和征服的对象去支配统治它。蒸汽机的发明和使用把人类带入了工业社会，自此，农业生产中开始大量使用机械、农药、化肥和塑料地膜等；矿产开采中开始凭借机器实行冶炼合成机械化流水线作业；家庭作坊式的手工业开始被大规模的机器生产所代替；交通方面开始乘坐以煤、石油为动力的火车、汽车、轮船、飞机等工具出行……工业社会的人与自然已经严重分离，人似乎成为超越自然之上的宇宙主人。一方面，本来是有机整体的世界变得支离破碎，人与自然之间的和谐统一关系遭到了破坏；另一方面，由于人的理性作用于自然创造了如此多的物质财富，极大地增强了人类的自信心。正是人类自信的升级让人有了控制自然的欲望。

第一，人类通过科学和技术征服自然。人类控制、驾驭甚至改变外部环境的能力的迅猛增长显然是从现代科学和技术中获得的。所以说，“人征服自然是通过科学和技术手段实现的”①。科学是人类认识自然的理论成果，“自然科学的目标是要坚决地建立和发展人优于自然的力量……人统治自然只能靠技艺和知识”②。而“人类的技艺和知识是人们用以强迫自然服从其命令的武器”③。可见，这里的“技艺和知识”便是我们现在统称为的技术。“与扩展知识和控制自然现象相联系的人们期望的焦点——科学和机械技艺（后来的技术）——的‘本质’改变了；换言之，人们的关注点从自然是一种奇异的过程和新的力量转向了发现、研究和形成对人的目的有用的那些自然力量所依靠的工具和仪器。”④ 而认识和支配自然，“只有通过精细的观察和实验室控制等缓慢而单调的艰苦工作才能获得。作为现代意义上的精密科学与控制自然的期望越来越紧

---

① ［加］威廉·莱斯．岳长龄，李建华译．自然的控制［M］．重庆：重庆出版社，1993：91.

② ［加］威廉·莱斯．岳长龄，李建华译．自然的控制［M］．重庆：重庆出版社，1993：43.

③ ［加］威廉·莱斯．岳长龄，李建华译．自然的控制［M］．重庆：重庆出版社，1993：53.

④ ［加］威廉·莱斯．岳长龄，李建华译．自然的控制［M］．重庆：重庆出版社，1993：68.

密地统一起来，它的发展最终将达到没有任何离开科学技术的其他控制自然的方法的状况”[①]。也就是说，科技的发展和控制自然是同一个过程。

人控制自然的意志也是通过科学和技术表现出来的。人与自然分离外化的目标就是保证认识自然，使其被控制、管理和运用来满足自身的需求以为人类生活服务。比如：培根提出了“知识就是力量”的口号。他认为，人需要认识自然，认识自然的目的就在于统治自然，从而“使自然服务于人类的事业和便利”[②]。培根说明了知识的重要性，提出了认识知识的方法和途径，认为人们只有认识自然才能统治自然。因此，科学的正确目标应该是找到认识自然的途径，认识自然的奥秘，从而达到统治自然的目的，自然本身也是为人的事业和便利服务的。

第二，人类控制自然伴随着文明的进步。运用科学技术产业的力量来控制自然对维持文明虽然还是不充分的，但是“文艺复兴在积极提高对自然（它的‘秘密’和它的‘财富’）的劳动兴趣方面迈出了第一步。丰富的思维畅想转变为宇宙学系统，同时，建立在熟练工匠手艺基础上的一种技术文学开始传播。这些完全不同的事业具有一个共同的根源，就是对扩展人类控制和利用自然力能力的信心不断提高”[③]。因此，每一次的科学成就和发明成功以及技术进步都为满足人的需要带来新的可能性，为社会的发展和文明的进步提供前提。因此，这种日益增长的对自然的控制为社会结构和过程的更加合理奠定了基础。伴随着文明不断进步的人类对自然的控制是可以实现的，是因为可以期许“科学方法论本身的合理性原封不动地被‘转移’到社会过程中去并通过加强开发自然资源满足人的需要来缓和社会冲突”[④]。而恰恰是“加强开发自然资源”打破了人与自然原有的和谐共在关系，加快了自然沦为人控制的对象的速度。

第三，人类中心主义横行天下的必然。作为用来描述人类对于自然的某种态度，人类中心主义是立足于人的需要与满足来处理人与自然之间关系的观念，它评价人与自然关系的根本尺度是人类的整体利益：第一，人是宇宙的中心；第二，人是宇宙一切事物的目的；第三，按照人类的价值观解释或评价宇

① [加] 威廉·莱斯．岳长龄，李建华译．自然的控制 [M]．重庆：重庆出版社，1993：71.
② [英] 培根．许宝骙译．新工具 [M]．北京：商务印书馆，1984：215.
③ [加] 威廉·莱斯．岳长龄，李建华译．自然的控制 [M]．重庆：重庆出版社，1993：31.
④ [加] 威廉·莱斯．岳长龄，李建华译．自然的控制 [M]．重庆：重庆出版社，1993：105.

宙间的所有事物。[①]

人类中心主义可以划分为传统人类中心主义和现代人类中心主义。传统人类中心主义发源于基督教伦理思想，把人看成是凌驾于自然之上的主宰者，认为只有人才有灵魂，而除人之外的所有生命都是没有灵魂的。因此，在宇宙世界中，人是主体和中心，自然是客体，其主要功能就是满足人类的需求，可以被人类无限制地改造和开发。这种理论的基本观点是：第一，人由于具有理性，因而自在地成为大自然一切事物的目的。人的理性给了他一种特权，使得他可以把作为非理性存在物的自然当作工具来使用。人由于自在地成为目的，因而他的一切需要都是合理的。在设计和选择一项道德原则时，他可以在不损害他人利益的前提下为了满足自己的任何需要而毁坏或灭绝任何自然存在物。第二，人是所有价值的源泉，是唯一具有内在价值的存在物。非人类存在物的价值只是人内在情感的主观投射的产物，只具有工具价值。也就是说，只有人才具有内在价值，其他自然存在物只有在它们满足人类的某种兴趣、需要或利益时才具有非客观的工具价值。人是价值的唯一主体，人只对人类才负有直接的道德义务，对其他存在物所负有的义务只是对人的一种间接的道德义务，是人类义务的外在表现。第三，人是唯一与环境道德原则相关的因素，是唯一有资格获得道德关怀的顾客。自然有机体与道德无关，它们之间的行为是非道德的，它们对人做出的行为也是非道德的。只有作为理性存在物的人类才是道德载体，其他任何生命都不具有要求人类在道德上同情的权利。道德规范作为人的行为准则所关心的只是人的利益，促进的只是人类群体的福利，调节的只是人与人之间的关系。

传统的狭隘的人类中心主义已将人与自然的关系引入绝境，是导致当代环境问题的深层根源，要想使全球环境恶化的趋势得到有效的遏制，必须摈弃传统人类中心主义，接受现代人类中心主义。现代人类中心主义又称为“开明的人类中心主义”或“弱人类中心主义”，以澳大利亚哲学家帕斯莫尔（J. Passmore）和麦克洛斯基（H. J. Mccloskey）及美国哲学家诺顿（B. G. Norton）和植物学家墨迪（W. H. Murdy）的学说为代表。在他们看来：首先，地球生态环境是所有人（包括现代人和后代人）的共同财富。任何国家、地区都不可为了小团体的局部利益而置生态系统的稳定和平衡于不顾，而且，任何一代人都不能为了满足其需要而透支后一代人的环境资源。其次，人类的行动显示出

① 王正平．环境哲学——环境伦理的跨学科研究［M］．上海：上海人民出版社，2004：135～136.

人类评价自己的存在获得种的延续的要求高于其他动物或植物的存活。[①] 在人与自然的利益发生冲突时，人的利益是评价人与自然关系的唯一依据。再次，人的理性直接导致人类对自然的保护。只有让万物生存，人类才能更好地生存；只有保护自然资源，社会经济才可持续发展；只有珍视自然的价值，人类才能实现价值；只有维护整个地球生态系统的动态平衡，人类才有永续的幸福与安宁。[②] 可见，现代人类中心主义伦理学以一种整体主义的世界观看待人与自然的关系，千方百计保护自然资源、维护生态平衡，这无疑是一种进步。但它只是为了全人类的根本利益而对人自身行为的一种限制，仍然未放弃人类的中心地位和人类控制自然的终极目的。

人控制自然的意志转换是立足于认识论的，在实践上却终究促成了人对自然的狂傲掠夺。但是，控制自然的本性并不是控制自然了事，真正达到的目的是想要控制人。“人类的活动已成为自然环境中很重要的一个部分，以至于控制自然和控制人成为同一个过程的两个方面。”[③] 诚然，“主客二分”的思想张扬了人的主体性，但最终导致的人控制自然的欲望片面扩张了人的主体性，而人的主体性无论多么膨胀，依旧不能摆脱对客体的依赖，依旧没有使人类成为全面发展意义上的真正主体。正如马克思所说：“随着人类愈益控制自然，个人却似乎愈益成为别人的奴隶或自身的卑劣行为的奴隶。”[④]

第三节　人与自然的对立排斥与和谐共生理念的生成

环境污染、资源枯竭、人口爆炸、资源生态失衡等全球性问题犹如自然对人类的报复和惩罚一样在 20 世纪五六十年代接踵而至。人控制自然的观念似乎让人的主体性窒息了似的。人类以否定自然来肯定人自身的企图，最终竟变成了人类自己否定自己。生态危机的凸显，让人们重新审视主客对立的思维模式，唤醒了人与自然和谐共生的理念。

---

① ［美］W. H. 墨迪．章建刚译．一种现代的人类中心主义［J］．哲学译丛，1999（2）：12～26.

② 王正平．环境哲学——环境伦理的跨学科研究［M］．上海：上海人民出版社，2004：156～157.

③ ［加］威廉·莱斯．岳长龄，李建华译．自然的控制［M］．重庆：重庆出版社，1993：14.

④ 马克思恩格斯全集·第 12 卷［M］．北京：人民出版社，1962：4.

一、主体与客体的二元对立导致生态危机

在人与自然关系演变的历史进程中，科学技术在给人类提供根本改造自然的手段的同时，人借助于不断进步的科学技术，完成了从对自然的“敬畏”到对自然的“掠夺”的地位转变。在主客关系中，主体与客体的二元对立是主客二分论的精致化、深度化。人与自然彼此外在，相互对立，自然成为人类控制的对象，地球成为技术进攻的对象，人类自信到了自负的程度，在改造自然、控制自然的成绩面前过分陶醉，以至于自以为凭借人类理性的发明和科学技术的力量掌握自然的一切奥秘、可以制服一切异己对象。

或者单纯立足于人或者单纯立足于自然看待人与自然的关系，把二者看作是相互对立冲突的两极，结果导致人类遭遇到前所未有的生态危机。我们经常接触到“生态危机”一词，也经常挂在嘴边，但它究竟作何表现呢？所谓“生态危机”，主要是指由于人类不合理的活动，在全球规模或局部区域导致生态过程即生态系统结构和功能的损害、生命维持系统瓦解，从而危害人的利益、威胁人类生存和发展的现象。[①]

生态危机突出表现在环境问题上。20 世纪 30 年代到60 年代，在工业发达国家发生了一系列的区域性公害导致成千上万人生病，甚至有不少人在“公害[②]事件”中丧生，其中，有8 起事件引人注目，被称为“世界八大公害事件”（1930 年的马斯河谷事件、1948 年的多诺拉事件、1952 年的伦敦烟雾事件、1936 年的洛杉矶光化学烟雾事件、1950 年的水俣事件、1963 年的富山事件、1967 年的四日事件和 1968 年的米糠油事件——参阅专栏 1-5）。

---

① 黄顺基．自然辩证法概论［J］．北京：高等教育出版社，2004：76.

② 公害是指由于人类活动引起的环境污染与生态破坏对公众的生命、健康、财产的安全和生活环境的舒适性等所造成的危害。在英美法系国家，公害是与私害相对而言的。也就是对他人可行使、可享受的权益造成妨碍的行为。如果只影响到个别人，并只侵害专属其所有的权益，就称为私害，如果其行为和结果影响到一定范围的人并侵害其作为公众成员而享有的权益，就称为公害。由于大气污染、水体污染、噪声污染、振动、恶臭等所影响和侵害的不是特定的个人，所以由此产生的危害一般均称为公害。在大陆法系国家，公害通常与公益相对应。日本的《公害对策基本法》将公害定义为，由于事业活动和人类其他活动产生的相当范围内的大气污染、水质污染、土壤污染、噪声、振动、地面沉降（采掘矿物所造成的下陷除外）以及恶臭，对人体健康和生活环境带来的损害；后来，妨碍日照、通风等，也被法律规定为公害。我国的宪法和环境保护法都把“防治污染和其他公害”作为环境保护的一项重要内容。现在人们通常把环境污染和生态破坏对公众和社会造成的危害叫作公害。

专栏 1-5 八大公害事件

1. 比利时马斯河谷烟雾事件

1930 年 12 月 1 日至 5 日，比利时马斯河谷工业区内13 个工厂排放的大量烟雾弥漫在河谷上空无法扩散，使河谷工业区有上千人发生胸疼、咳嗽、流泪、咽痛、呼吸困难等，一周内有 60 多人死亡，许多家畜也纷纷死去，这是 20 世纪最早记录下的大气污染事件。

2. 美国多诺拉烟雾事件

1948 年 10 月 26 日至 31 日，美国宾夕法尼亚州多诺拉镇持续雾天，而这里却是硫酸厂、钢铁厂、炼锌厂的集中地，工厂排放的烟雾被封锁在山谷中，使 6000 人突然发生眼痛、咽喉痛、流鼻涕、头痛、胸闷等不适，其中 20 人很快死亡。这次烟雾事件主要由于二氧化硫等有毒有害物质和金属微粒附着在悬浮颗粒物上，人们在短时间内大量吸入了这些有害气体，以致酿成大灾。

3. 伦敦烟雾事件

1952 年 12 月 5 日至 8 日，伦敦城市上空高压，大雾笼罩，连日无风。而当时正值冬季大量燃煤取暖期，煤烟粉尘和湿气积聚在大气中，使许多城市居民都感到呼吸困难、眼睛刺痛，仅 4 天时间内死亡了 4000 多人，在之后的两个月时间内，又有 8000 人陆续死亡。这是 20 世纪世界上最大的由燃煤引发的城市烟雾事件。

4. 美国洛杉矶光化学烟雾事件

从 20 世纪 40 年代起，已拥有大量汽车的美国洛杉矶城上空开始出现由光化学烟雾造成的黄色烟幕，它刺激人的眼睛、灼伤喉咙和肺部、引起胸闷等，还使植物大面积受害，松林枯死，柑橘减产。1955 年，洛杉矶因光化学烟雾引起的呼吸系统衰竭死亡的达到 400 多人，这是最早出现的由汽车尾气造成的大气污染事件。

5. 日本水俣病

日本熊本县水俣湾外围的“不知火海”是被九州本土和天草诸岛围起来的内海，那里海产丰富，是渔民们赖以生存的主要渔场。水俣镇是水俣湾东部的一个小镇，有 4 万多人居住，周围的村庄还（居）住着 1 万多农民和渔民。“不知火海”丰富的渔产使小镇格外兴旺，人民丰衣足食。

20世纪50年代，一场可怕的灾难降临了。1956年，水俣湾附近发现了一种奇怪的病。这种病症最初出现在猫身上，被称为“猫舞蹈症”。病猫步态不稳，抽搐、麻痹，甚至跳海死去，被称为“自杀猫”。随后不久，此地也发现了患这种病症的人。患者由于脑中枢神经和末梢神经被侵害，轻者口齿不清、步履蹒跚、面部痴呆、手足麻痹、感觉障碍、视觉丧失、震颤、手足变形，重者精神失常，或酣睡，或兴奋，身体弯弓高叫，直至死亡。当时这种病由于病因不明而被叫作“怪病”。此后人们不断发现，“不知火海”的鱼、乌、猫等生物异变，有的地方甚至连猫都绝迹了。“怪病”危害了当地人的健康和家庭幸福，使很多人身心受到摧残，经济上受到沉重的打击，甚至家破人亡。更可悲的是，水俣湾的鱼虾不能再捕捞食用，当地渔民的生活失去了依赖，很多家庭陷于贫困之中。“不知火海”失去了生命力，伴随它的是无期的萧条。

这种“怪病”就是日后轰动世界的“水俣病”，是最早出现的由于工业废水排放污染造成的公害病。“水俣病”的罪魁祸首是当时处于世界化工业尖端技术的氮（N）生产企业。1925年，日本氮肥公司在水俣镇建厂，后又开设了合成醋酸厂。1949年后，这个公司开始生产氯乙烯（C_2H_5Cl），年产量不断提高，1956年超过6000吨。与此同时，工厂把没有经过任何处理的废水排放到水俣湾中。氯乙烯和醋酸乙烯在制造过程中要使用含汞（Hg）的催化剂，这使排放的废水含有大量的汞。当汞在水中被水生物食用后，会转化成甲基汞（CH_3HgCl）。这种剧毒物质只要有挖耳勺的一半大小就可以致命，而当时由于氮的持续生产已使水俣湾的甲基汞含量达到了足以毒死日本全国人口2次都有余的程度。水俣湾由于常年的工业废水排放而被严重污染了，水俣湾里的鱼虾类也由此被污染了。这些被污染的鱼虾通过食物链又进入了动物和人类的体内。甲基汞通过鱼虾进入人体，被肠胃吸收，侵害脑部和身体其他部分。进入脑部的甲基汞会使脑萎缩，侵害神经细胞，破坏掌握身体平衡的小脑和知觉系统。可怕的是，据统计有数十万人食用了水俣湾中被甲基汞污染的鱼虾。

6. 日本痛痛病

富山县位于日本中部地区，在富饶的富山平原上，流淌着一条名叫“神通川”的河流。这条河贯穿富山平原，注入富山湾，不仅是居住在河流两岸人们世世代代的饮用水源，也灌溉着两岸肥沃的土地，使之成为日本主要粮食基地的命脉水源。

然而，20 世纪初期开始，神通川的水犹如中了魔鬼的诅咒，河川两岸的水稻普遍生长不良。1931 年又出现了一种怪病，患者大多是妇女，病症表现为腰、手、脚等关节疼痛，病症持续几年后，患者全身各部位会发生神经痛、骨痛现象，行动困难，走起路来像鸭子一样摇摇摆摆，甚至呼吸都会带来难以忍受的痛苦，到了患病后期，患者骨骼软化、萎缩，四肢弯曲，脊柱变形，骨质松脆，就连咳嗽都能引起骨折。患者不能进食，疼痛无比，有的人因无法忍受痛苦而自杀。这种病由此得名为“骨癌病”或“痛痛病”。

1946—1960 年，日本医学界从事综合临床、病理、流行病学、动物实验和分析化学的人员经过长期研究后发现，“骨痛病”是由于神通川上游的神冈矿山废水引起的镉（Cd）中毒。原来，富山县神通川上游的神冈矿山从 19 世纪 80 年代成为日本铝矿、锌矿的生产基地。神通川流域从 1913 年开始炼锌，炼锌厂排放的含镉废水污染了周围的耕地和水源。镉是重金属，人体中的镉主要是由于被污染的水、食物、空气通过消化道与呼吸道摄入体内的，大量积蓄就会造成镉中毒。神冈的矿产企业长期将没有处理的废水排放注入神通川，致使高浓度的含镉废水污染了水源。用这种含镉的水浇灌农田，稻秧生长不良，生产出来的稻米成为“镉米”。“镉米”和“镉水”把神通川两岸的人们带进了“骨痛病”的阴霾中。

7. 日本四日市哮喘病

1955 年，日本第一座石油化工联合企业在四日市上马，1958 年，在四日市海湾打的鱼开始出现有难闻的石油气味，使当地海产品的捕捞开始下降。1959 年，由昭石石油公司投资 186 亿日元的四日市炼油厂开始投产，四日市很快发展成为“石油联合企业城”。然而，石油冶炼产生的废气使当地天空终年烟雾弥漫，烟雾厚达 500 米，其中漂浮着多种有毒有害气体和金属粉尘，很多人出现头疼、咽喉疼、眼睛疼、呕吐等不适。从 1960 年起，当地患哮喘病的人数激增，一些哮喘病患者病甚至因不堪忍受疾病的折磨而自杀。到 1979 年 10 月底，当地确认患有大气污染性疾病的患者人数达775491 人，典型的呼吸系统疾病有：支气管炎、哮喘、肺气肿、肺癌。

8. 日本米糠油事件

1968 年，日本九州爱知县一个食用油厂在生产米糠油时，因管理不善，操作失误，致使米糠油中混入了在脱臭工艺中使用的热载体多氯联苯，造成食物油污染。由于当时把被污染了的米糠油中的黑油用去做鸡饲料，造成了九州、四国等地区的几十万只鸡中毒死亡的事件。随后九州大学附属医院陆续发现了因食用被多氯联苯污染的食物而得病的人。病人初期症状是皮疹、指甲发黑、皮肤色素沉着、眼结膜充血，后期症状转为肝功能下降、全身肌肉疼痛等，重者会发生急性肝坏死、肝昏迷，以至死亡。1978 年，确诊患者人数累计达 1684 人。

资料来源：http：//www.med66.com/html/2008/11/sh 7376214827191118002123.html

除此之外，由人类生活方式改变、产业燃料增量以及化工业的发展导致的以煤烟尘、二氧化硫造成的大气污染和以矿冶、制碱造成的水质污染又增加了石油和石油产品带来的跨区域污染。特别是 20 世纪 60 年代初，美国海洋生态学家蕾切尔·卡逊（Rachel Carson）出版《寂静的春天》（1962）一书，通过对以 DDT 为代表的合成杀虫剂滥用的生态学调查和研究，揭示了有毒物质对生态环境和人类的深远危害。加之，二战中原子弹的使用和战后核试验所造成的核污染对人们的心灵震撼和潜在危害，现实让人们切切实实地看到了工业化带来的严重的环境污染，从而引发了人们对生态环境问题的普遍重视。以我国为例，生态危机突出表现在水生态失衡、生物多样性减少、城市污染和酸雨污染日益突出等方面。2005 年监测的 522 个城市中，4.2%的城市达到国家环境空气质量一级标准，56.1%的城市达到二级标准，39.7%的城市处于中度或重度污染。酸雨覆盖面积已占国土面积的 30%以上，成为继欧洲、北美之后世界第三大酸雨区（国）。七大重点流域地表水污染普遍，各大淡水湖和城市湖泊呈富营养化状态。2000 年，工业固体废物排放量 6.7 亿吨，城市垃圾年产生量以每年 8%的速度递增。我国的生物多样性破坏较为严重。例如，在联合国《国际濒危物种贸易公约》列出的 640 种世界濒危物种中，我国有 156 种，约占总数的 1/4。高等植物中濒危的物种有4000～5000 种，约占高等植物总数的 15%～20%，高于世界 10%～15%的平均水平。[①] 虽然有些数据并不是新的，但还是看到了生态危机的日益严重性。

目前，中国环境与世界环境在全球化背景下相互影响（参阅附录：全球化背景下的中国环境与世界环境），生态危机也随着经济和贸易的全球化日益呈现国际化趋势。人通过科技的崭露头角而造成的与自然对立的局面已经不是浅显层面上的，严峻的生态现实呼唤“人与自然和谐共生”意识的觉醒。

① 数据来源于《全国生态保护“十一五”规划》.

二、自然对人的惩罚呼唤和谐共生的理念

人类几百万年的历史，几乎都是在同自然抗争以谋得人类生存的基本物质生活必需品。然而，在现代技术条件下，人早已不满足于对自然浅表的支配和改造，而是要对自然实行“伤筋动骨”的根本性改造。人对自然的技术控制加剧了人与自然之间的冲突，使人陷入新的技术追求中。当人类陶醉于“胜利”的时候，遭受到的却是自然界的种种“报复”与“惩罚”：温室效应加剧，酸雨污染，淡水短缺，林地草地锐减，废水废气废物泛滥，能源枯竭……这一切表明，现代技术条件下的人类生存正面临着严峻的环境考验。现在地球上所存的核武器数量足以把地球摧毁几十次这一事实不仅表明了现代技术的威力，而且也表明了对于人类自身及其自然界存在的威胁。现实的生态危机问题唤醒了人们的生态需求意识，也迫使我们思考，人类用以控制自然的技术是否真正帮助人类达到了操纵的目的，真的超脱自然、统治自然、做自然的主人了吗？是否剑走偏锋，成了与人和人之间政治控制相联结的工具呢？前者答案是否定的，后者答案是肯定的。这都源于压制了外部自然的同时也控制了内部自然，即人性。

（一）生态中心主义浮出水面的必要

最近几十年，基于人类中心主义认识论下的环境问题愈演愈烈，各种非人类中心主义流派不断出现，形成了动物解放/权利论、生物中心论、生态中心论左右等三大流派。这些生态思想所主张的道德客体范围依次扩大，并逐渐成为现代西方环境运动的主流思想。

其一，“动物解放/权利论”将伦理关怀的共同体范围扩展到动物，认为人不仅对人类负有直接的道德义务，还对动物负有义务。以澳大利亚哲学家辛格（P. Singer）为代表的动物解放论者主张应当把人类所平等依据的伦理原则应用到动物身上。“不管这种存在物的本质是什么，平等原则都要求在目前所能进行的对比的情况下同等地对待它和其他存在物所遭受的苦乐。”[①] 以雷根为代表的动物权利论者认为动物拥有权利的理由同人拥有权利的理由是一致的。每一个人之所以具有道德权利，是因为每一个人由于是有感觉的生命主体而拥有的天赋价值。而动物（至少是心理较为复杂的哺乳类动物）因为也具有成为有

---

① Peter Singer, “All Animal Are Equal”, Environmental Ethics: Reading in Theory and Application, edited by Louis P. Pojman. Jones and Bartlett Publisher, Inc 1994, p38.

感觉的生命主体的种种特征而拥有天赋价值，所以有权利。[①] 动物这种权利决定了人类不应该把它们当作一种谋得人类利益的工具来对待。

其二，生物中心论认为伦理关怀的对象应该扩大到一切生命。创始人施韦兹提出要“敬畏生命”，不仅是敬畏人自己，而且还“有必要满怀同情地对待生存于我之外的所有生命意志”[②]。一个人只有当他把所有的生命都视为与人的生命同样神圣之时，他才是有道德的。另一位代表人物泰勒在《尊重大自然》一书中，把处理人与自然关系的善恶标准界定为是否展现了尊重自然这一终极性的道德态度。[③] 尊重自然，就是把所有的生命都视为拥有同等的天赋价值和平等的道德地位的实体。并且，只有生命体才具有其自身的客观价值，像岩石与沙石等无机物，由于不具有自我需要与利害关系，所以不具有内在价值，也就不被视为道德客体。

其三，生态中心论主张不仅要承认存在于自然客体之间的关系，而且要把物种和生态系统这类生态“整体”视为拥有道德地位的顾客。[④] 生态中心主义的代表学说有利奥波德（A. LeoPold）的“大地伦理学”、奈斯（A. Naess）的“深层生态学”和罗尔斯顿（H. Rolston）的“自然价值论”。“大地伦理学”旨在扩展道德共同体的边界，使之“包括土壤、水、植物和动物，或者把它们概括起来：土地。”[⑤] 自然环境不应当是供人使用的资源，而应当是价值的中心，“要把人类的角色从大地共同体的征服者改造成大地共同体的普通公民”[⑥]，并尊敬共同体的每个成员和这个共同体本身。“深层生态学”所主张的伦理规范是“生物圈民主”和自我实现论。前者与生物中心主义的基本精神是大致相通的，即人和自然存在物都是生态系统“无缝之网”上的一个“结”，生存繁荣的权利是平等的，无价值上的高低贵贱。后者则是奈斯所创“深层生态学”的独特贡献，即通过将“自我”理解为与大自然融为一体的“大我”的过程，通过把其他存在物的利益看作是自我利益的过程，来与其他存在物同甘共苦、实现自我。“自然价值论”反对从人的利益角度评价自然的价值，认为生态系统的价值是客观的，而非人赋的，那么人类对个体和物种负有道德义务，也对

---

① 陈安金．人以外的存在物也具有“内在价值”与“权利”吗——关于非人类中心主义环境伦理观的理论思考［J］．学术月刊，2001（11）：24～30.

② ［法］阿·施韦兹．陈泽环译．敬畏生命［M］．上海：上海社会科学出版社，1992：89.

③ 雷毅．生态伦理学［M］．西安：陕西人民教育出版社，2000：106.

④ 余谋昌，王耀先．环境伦理学［M］．北京：高等教育出版社，2004：84.

⑤ ［美］利奥波德．侯文惠译．沙乡年鉴［M］．长春：吉林人民出版社，1997：193.

⑥ ［美］利奥波德．侯文惠译．沙乡年鉴［M］．长春：吉林人民出版社，1997：194.

生态系统本身负有道德义务。[①]

综上可见，非人类中心主义对人与自然关系的思考提供了全新的视角并有多种理论创新。这三大流派都反对人类中心主义把人类当作最高贵的物种，批判“反自然”，从这个意义上讲，非人类中心主义伦理观是一种超越。

（二）和谐共生意识蔚然成风的愿景

追寻更和谐更美好的未来是人类永恒的梦想，虽然人类中心主义和生态中心主义都存在着自身难以克服的缺陷，但对我们通向和谐的未来还是提供了许多宝贵的思想。随着人类中心主义和生态中心主义这两种见解的逐渐展开，我们可以发现其实二者之间并非处于水火不容的状态，而是从不同的角度展示出人文关怀的情愫。于是，作为一种主张人与自然只有在彼此的关系中才能明确自身的规定的伦理理念——“生态人本主义”对二者的整合充分展示了这一面。日益严重的环境问题已经昭示着自然的反抗情绪和行为，如果人们不再固执于征服自然，不再企图控制自然，而是转向对人与自然之间生死与共、和谐共进理想关系的追求。回归人与自然和谐共生的意识形态，这不是向古人“天人合一”精神境界的简单复归，而是对它的扬弃，亦即否定之否定的一种内在的根本的超越，是现代技术条件下的与自然关系的现代升华和与自然和谐生活的现实选择。

人类由过去对自然的顶礼膜拜，转变成要为所欲为地对其支配和征服，再到人与自然的非压制性的双向解放，这是从古代“天人合一”的有机论自然观转变到近现代的“人控制自然”的机械论自然观，再到当代“和谐共生”的新有机论自然观的一个否定之否定的过程。人与自然关系的历史演变是一个从和谐到失衡，再到新的和谐的螺旋式上升过程。“人与自然和谐共生”的理念使人类对自然的理性认识与对待自然的伦理态度有机地统一起来，是一种有机的、系统的、整体的、互利的生态思维方式，而不像古代文化那样沉沦于自然本体论而不顾认识论，抑制人的主体性发挥，也不像近代机械文化那样痴迷于人的本体论和认识论而无视自然，无限自负地扩张人类的理性。维护整个生态系统稳定，促进整个生态系统有序进化是人类和一切生命的共同利益之所在，保护生态系统的完整性是最高的道德命令和终极的价值。

---

① [美] 罗尔斯顿．杨通进译．环境论理学 [M]．北京：中国社会科学出版社，2000：255.

第二章　人与自然和谐共生的理论维度

人与自然和谐共生的理论维度在以往的研究中一直没有得到足够的重视。虽然研究的成果不少，但多集中于其理念内容的研究上，很少涉及其内涵意蕴。即使有所涉猎，也是简单地把理论内容与内涵混为一谈，甚至划为等号。实际上，内涵更多的是从其概念上的理解来说的，而理论内核则是从其思想的实质来说。本章试图在对人与自然和谐共生概念的厘定与解析的基础之上，对其进行进一步的探索和分析，揭示它的终极本质和论证它的合理性。

第一节　概念的厘定与解析

人与自然和谐共生的内涵以其具有的最基础、最根本和前提性的意义，而成为备受理论界关注的热点和焦点，同时也是本书的重点和难点问题。本书试图在研究视角与方法上突破原有的平面框架，从“人”“自然”与“和谐共生”等三个概念入手，在分别对其界定时，又要以其他两个概念作为限定或补充。单纯地强调其中任何一个方面，并以其代替对整个理论的解释，都是有失科学、有失完整的做法。人与自然和谐共生中的“人”是个人和类群的全息，“自然”则体现生态与时空、自身价值与人性道德的双重融合，而“和谐共生”更多地呈现为人和自然相处过程中的一种趋势，在形态上体现为观念与实践的统一，在目标上体现为无限与有限的统一，在框架上体现为权利与义务的统一，在目的上体现为选择与责任的统一。

一、人与自然和谐共生中的“人”：个人与类群的全息

厘清“人与自然和谐共生”概念涉及的首要问题就是对“人”的界定，分别从微观着眼和宏观入手，则呈现出“个人—类群”的全息状态。从字面上来

说，“个人”与“类群”是两个不同的概念。前者是指相对于他人而言的每一个人的个体，后者是指生态行为相似的种群或群落类型的组合，即由每一个人的个体而组成的一个自然实体的整体。从其本质上来说，“个人”与“类群”是相互联系的两个概念，共通地具有现实性，在阶级社会中则直接表现为阶级性。具体来讲，个人之间总是以各种不同的方式相互依存着从事各种活动，组成诸如民族、国家、人类社会等特定种类的“族群”。“社会结构和国家总是从一定的个人的生活过程中产生的。”①

作为与“神”或其他动物相区别的“类群”整体中的“个人”，不是脱离了具体的现实生活的人，而是构成历史活动的主要实践要素的主体，具有内在独立性；作为整体的“类群”相较于“个人”有着最优化功能和最抽象的含义，无论是当代人类群体，还是不同代际的人类群体，都具有相对稳定性。单纯的“类群”和“个人”都是不存在的。就其概念本身而言，它们从来都不是绝对独立的。马克思说：“人的个体生活和类的生活并不是各不相同的……因此，如果说人是一个特殊的个体，并且正是他的特殊性使他成为一个个体和现实的、单个的社会存在物，那么，同样地他也是总体、观念的总体，可以被思考和被感知的社会之主体的、自为的存在，正如在现实中，他既作为社会存在的直观和对这种存在的现实享受而存在，又作为属人的生命表现的总体而存在一样。”② 每一个体都是相对于一个集体意义上来说的，“个人”都是“类群”中的每个部分，没有“个人”，“类群”就不存在；而“类群”都是综合每个“个人”的个体功能资源而构成的整体，从现实出发，“把个人的自由发展和运动的条件置于他们的控制之下”③，保证个人在联合体中的发展机会和条件，这种机会和条件当然就是“现存的生产力和交往形式”④，亦即不同个人的共同活动产生的社会力量和“个人的一定的活动方式”⑤，因而，提起人或人类，不仅仅是指人的“个体存在”，更是既有独立性又有类群性的人的“类存在”；不仅仅是人的自然存在，更是人的社会存在。对个人的把握也就是对于人的“类群”的把握；对于“类群”的把握，也就是对于个体的把握。

无论是“类群”中的“个人”，还是“个人”被重现后的“类群”，对于与

① 马克思恩格斯选集·第1卷［M］.北京：人民出版社，1995：71.
② 马克思.1844年经济学哲学手稿［M］.北京：人民出版社，1979：76.
③ 马克思恩格斯全集·第3卷［M］.北京：人民出版社，1960：85.
④ 马克思恩格斯全集·第3卷［M］.北京：人民出版社，1960：85.
⑤ 马克思恩格斯选集·第1卷［M］.北京：人民出版社，1972：25.

自然之间的和谐共生关系来说，“类群”和“个人”所包含的内容是一致的，既体现了人与自然和谐共生作为理想的价值判断，又体现了人与自然和谐共生作为现实的事实判断。“个人”从来都是与自然和谐共生的主体出发点，在与自然偕行的过程中，主体范围不仅仅是某一个个体的人，必然会逐渐把更多的人囊括进来，达到“类群”的本然，从而把人和人通过一种自我休养方式统一于一体，慢慢地形成特有的整体性思维方式，达到人或人类与自然融合、成为生态的一员的生存状态。

二、人与自然和谐共生中的“自然”：生态与时空的融合

“自然”是“环绕着人群的空间中可以直接、间接影响到人类生活、生产的一切自然形成的物质、能量的总和”[①]。在哲学层面上，“自然”概念有广义和狭义之分。广义的“自然”是指宇宙中具有无限多样性的一切存在物以及自然而然的状态，即不受外在他律约束的自律状态，在组成上包括自然界和人类社会；而狭义的自然是指自然界，即与人类社会相对区分的作为外在于人的对象性实体的物质存在世界，也是自然科学所研究的无机界和有机界。所以，在哲学定义上的“自然”，是指不依赖于人的意识而存在的客观物质世界的综合体系。[②] 都只是原始的、自在的自然。这个自然“是一切感性的力量、事物和存在物的总和……就是光、电、磁性、空气、水、火、土、动物、植物、人(这里所说的人是不由自主地无意识地活着的存在物)”[③]。

生物在一定的自然环境下生存和发展所养成的生理特性和生活习性，这种状态就是“生态”，而自然是一个大的生态系统，是无机环境，包含阳光以及其他所有构成生态系统的基础物质：水、无机盐、空气、有机质、岩石等生物不可或缺的物质基础，又是生物群落，包括人在内的生命体系。人们常用“生态”来定义许多美好的事物，如健康的、美的、和谐的等事物均可冠以“生态”修饰，这说明自然的“生态”原初的平衡态，所追求的物种多样性或者是一定功能的有机整体性等，都是开放的，以维系自身的稳定适中、维持自身的平衡发展。对于包括人在内的生物群落来说，所生存和发展的时间和空间就是生态。物质，以实体而存在，必然存在于空间；物质的运动，以事态而存在，必然存在于时间。构建时空，宇宙中的时与空是没有间的，间是人为的划分。

---

① 胡乔木．中国大百科全书·环境科学［M］．北京：中国大百科全书出版社，1983：499.

② 林学达．哲学视阈中的科学发展观研究［D］．中共中央党校博士学位论文，2007：104.

③ 解保军．马克思自然观的生态哲学意蕴［M］．哈尔滨：黑龙江人民出版社，2002：38～39.

比如，人把地球绕太阳转一圈划分为一年，地球自转一圈划分为一日。物质通过物理运动形成不同的组合产生不同的化学反应，不同化学反应产生不同的生命，人的生命产生思维，思维根据自身利益需求分割时空，就是时间与空间。空间和时间一样都是不断流动变化的，所以宇宙中的绝对定令定位是不可能的，构建时空是按物质的运动区域划空为间，按实体的发生过程划时为间。没有物质运动，时间和空间都是不存在的。有物才有空有生态，无物则无空无生态，物动而时自成。可见，生态与时空在自然之处融合。

自然并非是外在于人的活动、与人无关的自在存在，而是和人的实践活动密切相关的人化自然或向人生成的自然。借助一下哈贝马斯的阐述："我们只能在劳动过程中所揭示的历史范畴内才能认识自然界；在劳动过程所揭示的历史范围内，人的主观自然和构成人的世界的基础和周围环境的客观自然界是联系在一起的。自此，'自在的自然界'是我们必须加以考虑的一个抽象物。但是，我们始终只是在人类历史形成过程的视野中看待自然界的。"① 马克思也强调自然为社会所中介，表达了"为人的自然"的见解。人对自身本质属性在理性反思基础上的自觉占有和真正实现不可能孤立于自然之外。因此说，在自然其中，也融合着生态中无机物质的价值和时空中有机人类的道德。人的行为在价值与道德二者之间始终存在着一种外在必然与内在自由的张力关系，人对自然的道德义务作为社会道德的一种特殊内容和存在便在这种张力下具备了可能性。单纯追求价值的，走到极端往往就会是违背道德的；完全追求道德的，走到极端往往就会成为一种空想。

对于人类来说，自然的内在价值虽然不是手段性的，也是不以人类的意志和评价为转移的，但自然界既有它自身的内在价值，或者说自身的生命存在的权利和目的，又具有外在价值，或者说有利于他物的服务功能及其工具性手段的道德和义务。内在价值作为整体价值的一部分，又往往蕴藏在外在价值之中。"内在价值和工具价值彼此变换，它们是整体中的部分和部分中的整体。"各种各样的价值都镶嵌在地球的结构中，犹如宝石镶嵌在其底座中，价值的底座就是价值的生养母体。换言之，当人们改变评价的视角来理解价值时，他们会发现，"内在价值恰似波动中的粒子，而工具价值亦如由粒子组成的波动"②。因此，余谋昌说："我们就要承认不仅人是目的，而且其他生命也是目的；我

① ［德］哈贝马斯．郭官义，李黎译．认识与兴趣［M］．上海：学林出版社，1999：29.

② ［美］罗尔斯顿．杨通进译．环境论理学［M］．北京：中国社会科学出版社，2000：297.

们不仅要承认人的价值，而且要承认自然界的价值。在这里，价值主体不是唯一的，不仅仅人是价值主体，其他生命形式也是价值主体。”[①] 可见，重视历史与现实中人对自然的道德情感和道德行为的存在，发挥价值判断与道德坚持应有的作用，才是生态与时空二者融合于自然之中的意义所在。

三、人与自然和谐共生中的“和谐共生”：过程与目的的统一

马克思、恩格斯把“全部人类历史的第一个前提”确定为“有生命的个人的存在”和“个人的肉体组织以及由此产生的个人对其他自然的关系”。[②] 可见，人与自然的关系是人类社会基础性的话题。马克思还在《1844 年经济学哲学手稿》一书中进一步指出：“社会是人同自然界的完成了的本质的统一，是自然界的真正的复活，是人的实现了的自然主义和自然界的实现了的人道主义。”[③] 由此看来，在马克思主义创始人心目中所追求的人与人的关系和人与自然的关系的主要内容和理想目标就是“人类同自然的和解以及人类本身的和解”这两个方面，亦即人与自然的和谐以及人与人的和谐。所以说，人与自然的和谐共生是人与自然博弈的理想状态。

“和谐共生”一词实则源于中国文化。什么是“和”？“和”字是一个形声字，在甲骨文中是人吹笙的象形文字，表意为不同的声音相互顺应的适度配合形成了美妙的音乐。古人说“和而不同”“和如羹焉”“和实生物”，不同的材料和调料放在 起搭配熬制才生成美味佳肴。“和”的道理是生成事物的道理，是建设的道理，是创造性劳动的道理。这是古人以做饭菜来生动地为“和”解意。

在传统儒家文化里，万事万物都是相互联系、相互依存的，人和自然之间，是“和谐共生”的关系，意味着和睦相处，谐平共生以及“谐调”“统一”“共处”。“共生”是相对于“异在”而言的。在生态学上，“共生是不同生物种类成员在不同生活周期中重要组合部分的联合（symbioticassociation)”。作为生态学概念的“共生”绝不排除“生存斗争”。地球各个角落都有人类居住，即使是气候极端地区，包括高寒地带、酷热地带等，人都是同自然“生存斗争”着而“共生”的。后来这一概念被人文社会科学研究者借用而形成了一种哲学选择，并把“和谐共生”视为共生关系的“太上之境”。它既不同于近代

① 余谋昌．生态人类中心主义是当代环保运动的唯一旗帜吗［J］．自然辩证法研究，97（9）：9～14.
② 马克思恩格斯选集·第1卷［M］．北京：人民出版社，1995：67.
③ 马克思恩格斯全集·第42卷［M］．北京：人民出版社，1979：122.

以来支配自然的思潮，也不同于希冀与自然一体化的思潮，而是作为规范人与自然今后关系的理念与作为，表达得甚为确切。

人与自然关系的和谐共生，意味着多样性的统一和对立要素的有机结合，其一是存在，向异质开放的蓬勃状态和结合方式，其二是融洽，一个动态的、调和的、协同进化的进程。过程虽然艰苦，但目标却是确定的。从共时态看，和谐共生是相互依存、彼此协调。不同地区的人处在同一个生态圈内（地球村），他们的生态环境是一个相互联系、相互影响的整体。正如河流的上流和下流的关系，都同属于同一条河流、相互依存于同一条河流一样，人与自然是同属于这个大的地球生态、相互协调于这个大的地球生态的。从历时态看，和谐共生是相互促进、共同发展。人是由自然本身通过其进化的连续性而产生出来的，大约在400万年前，人从与今天黑猩猩共同的祖先中分离出来，走出森林开始以双脚步行。进而，以此为基础，作为劳动和语言交往的形成的推动力，一方面，与其他动物不同，人通过其固有的工具制造和共同劳动对自然展开有目的、有意识的活动；另一方面，从最具集团性的动物的群体一体化中分离出来，尤其是通过语言的形成，获得了家庭、亲戚等人所固有的相互援助的关系。这大体就是从猿人开始，经过原人、古人类（旧石器时代中期人类）至现代人类形成的过程。从昨天的同构进化到今天的分离异化再到明天的共生和谐，是一个相互促进、共同发展的历程，如同前世到当今再到后代，随着时间的推移一直在继续一样。

作为观念的“和谐共生”，是人类实践的先导和奋斗的目标，这种理念的力量对于人类处理与自然的关系来说是必须的，也是有效的；作为实践的“和谐共生”，是观念的展开与推进，本质上根源于师法自然的规律性，趋向于人类进步的理想性。所以说和谐共生绝不只是个认识问题，而更多的是人类的伟大实践，是在实践的过程中逐步迫近的理想目标和在主观的目标下逐步进行的实践过程。

具体来说，在和谐共生的过程和目的中，呈现出以下3个方面的特性：

一是既定前提性。一方面，从本体论的角度来看，人是自然的产物，因而人与自然的和谐共生自人类诞生时就成了与人类共同完善的内在的、根本的因素，兼容并蓄了人类历史多元性质和内容的东西，于是构成了人类历史多样性与统一性的基础和前提；另一方面，过程与目的是相辅相成的。有和谐才有共生，离开了共生也就无法谈和谐。只有共存、多元统一与可持续、互动谐调的有机融合，才能真正促成“人”与“自然”的显现。

二是纵横结合性。和谐共生作为完美目标是确定的，但其选择和把握的范围却是不断变化的。纵向上，和谐共生的内容、外延、途径、标准、要求等总是随着时代的变迁而永无止境地改变或增添。横向上，在不同的社会历史时期，人们往往根据时代的发展状况，把和谐共生细化为有限的时间里实现的目标。例如，在原始社会中，人们所向往的人与自然和谐共生就是自然界只要能够满足吃饱穿暖的需要即可；现代社会中，则赋予和谐共生横向上的意义和内涵越来越丰富和具体，“和谐相处”“互惠共生”等就是具体化且可把握的实现过程中的规范要求。

三是境界期待性。“境界是存在者实现存在的状态，生命存在的意义在于获得一种境界，每个人作为存在就要完全地实现其存在，这就是人生的意义。”① 和谐共生的境界，体现在人类社会的每一步发展中。人与自然和谐共生的理想期待与现实过程的冲突是不可避免的，除了从现实行为反思没有达到我们预期效果的原因，更多的就是要对所经历的过程进行享受，尽可能地创造机会去追求期待的目的，再由这种期待行为推出应该开展的现实行为。我们只能从有成有毁，或久或暂的过程中去真实地体验和谐共生目的的一步步实现。也正是因为如此，才更增强了人与自然和谐共生理论的影响力和现实追求的内聚力。

第二节 内核实质：马克思主义生态和谐观

马克思主义不仅从实践论的观点出发，揭示了人与自然的共通性，还系统地探讨了如何协调人与自然环境之间的相互关系问题。尤其是马克思创始人在很久以前就论证了环保的历史的自然观。人与自然和谐共生同马克思主义自然观是完全一致的，同科学发展观是整体相通的。

一、人与自然和谐共生与马克思主义自然观的一致性

马克思主义自然观是历史性、社会性的，又是具有环保意义的。人与自然和谐共生则与之有着完美的契合点，其含义的基本内核和实质是与之相通的。

---

① 张文喜．对人的全面发展的思考［J］．浙江社会科学，1996（2）：66～83.

首先，人与自然和谐共生与马克思主义人化自然思想具有一致性。马克思在《1844年经济学哲学手稿》一书中曾指出，人是社会关系总和与自然关系总和的统一，“自然界的人的本质只有对社会的人来说才是存在的；因为只有在社会中，自然界对人来说才是人与人联系的纽带，才是他为别人的存在和别人为他的存在，才是人的现实的生活要素；只有在社会中，自然界才是人自己的人的存在的基础。只有在社会中，人的自然的存在对他说来才是他的人的存在，而自然界对他说来才成为人。因此，社会是人同自然界的完成了的本质的统一，是自然界的真正复活，是人的实现了的自然主义和自然界的实现了的人道主义”[①]。它表述的不是人类中心主义那种人类的一切活动都是为了满足自己的生存和发展的需要的观点，而是认为人类“劳动本身，不仅在目前的条件下，而且一般只要它的目的仅仅在于增加财富，它就是有害的、造孽的”[②]。因为在马克思看来，由于生产劳动，自然得以被变革得具有人性、被纳入人的社会，于是这样的自然成为联结人与人相互关系的“纽带”“人的现实的生活要素”。这与作为“人的无机的身体”的“自然界的人的本质”的理解又是相辅相成的，实际上在强调人的自然性和主体性或者说“自然界的人的本质”与“人的自然的本质”的统一、“自然的人本主义”与“人的自然主义”的统一。人与自然和谐共生注重价值权利与道德义务在自然这里的结合正是源于马克思主义的人化自然思想。

其次，人与自然和谐共生与马克思主义物质转换思想具有一致性。马克思曾多次提到“人与自然之间的物质变换”问题，他把自然称作“感性的外部世界”，和“人为了不至于死亡而必须不断与之交往的人的身体”[③]，认为它给人提供了人自身生存的生活资料和人外部劳动的生产资料，而且，“人以自身的活动来中介、调整和控制人和自然之间的物质变换”[④]。所以，人与自然是统一的，人是自然的一部分，自然也是人的一部分，二者系统间相互包含、能量间相互转换、物质间相互变换。此外，马克思“合理地调节”人与自然之间物质变换的观点论述的不是人对自然的支配和控制，乃是为了能进行“最适合于他们的人类本性”的人和自然之间的物质变换而“把它置于他们的共同控制之

---

① 马克思恩格斯全集·第42卷［M］．北京：人民出版社，1979：122.
② 马克思恩格斯全集·第42卷［M］．北京：人民出版社，1979：55.
③ 马克思恩格斯全集·第42卷［M］．北京：人民出版社，1979：95.
④ 马克思．资本论·第1卷［M］．北京：人民出版社，2004：207～208.

下”[①]。并且他强调人为了再生产自己的生命，必须置于和自然不断地物质转换的过程之中，因为“自然界是人为了不致死亡而必须与之不断交往的、人的身体”[②]。而“人和自然之间的物质变换即人类生活得以实现的永恒的自然必然性”[③] 的中介是人的活动，主要是生产活动或生产劳动。恩格斯也主张人“自身和自然界的一体性”，要作为自然的一部分“认识和正确运用自然规律”来“支配我们自己和外部自然”[④]，强调绝不是“在自然外面支配自然”一样、“决不同于站在自然界以外的某一个人”[⑤] 地统治自然界。在马克思看来，人类是自然大系统中的一个子系统，子系统和整个生态系统之间的物质和信息能量的交换关系就是人和自然的关系的本质。人与自然和谐共生把人看作是生态体系的一员与马克思主义自然观把人作为自然界的一部分与自然进行物质变换的观点基本一致。正因为人与自然之间这种天然的血肉联系，我们才有义务实现人与自然的和谐统一。

再次，人与自然和谐共生与马克思主义环保思想具有一致性。恩格斯对产业革命以来河流、大气等污染的状况特别是英国的煤烟“公害”和泰晤士河的污染状况进行了详细描述和深刻揭露，并且强调自然环境的重要性：“政治经济学家说：劳动是一切财富的源泉。其实劳动加上自然界才是一切财富的源泉，自然界为劳动提供物料，劳动把物料转变为财富。”[⑥]“简言之，种种商品体，是自然物质和劳动这两种要素的结合……劳动并不是它所产生的使用价值即物质财富的唯一源泉。正像威廉·配第所说，劳动是财富之父，土地是财富之母。”[⑦] 他还列举了历史上发生于美索不达米亚、希腊、小亚细亚、意大利等地方毁林开荒这种愚蠢而又短视的行为所造成的环境恶化的悲剧，也曾尖锐地批判西班牙种植场主“在古巴烧掉山坡上的森林，发现在木灰中有能获取最高利润的咖啡树的足够用一个世代的肥料——以后热带的大雨会冲掉得不到任何保护的腐殖土而留下赤裸裸的岩石，那对他们来说又有什么相干呢?”[⑧] 这都体现了一个马克思主义者保护构成财富源泉的自然和对于经济增长、社会发展具有极端重要性的环境的愿望。人与自然和谐共生在尊重自然价值，提倡人对自

---

① 马克思恩格斯全集·第25卷［M］．北京：人民出版社，1974：926.
② 马克思恩格斯全集·第42卷［M］．北京：人民出版社，1979：95.
③ 马克思恩格斯全集·第23卷［M］．北京：人民出版社，1972：56.
④ 恩格斯．自然辩证法［M］．北京：人民出版社，1984：305.
⑤ 恩格斯．自然辩证法［M］．北京：人民出版社，1984：305.
⑥ 恩格斯．自然辩证法［M］．北京：人民出版社，1984：295.
⑦ 马克思恩格斯全集·第23卷［M］．北京：人民出版社，1972：56～57.
⑧ 恩格斯．自然辩证法［M］．北京：人民出版社，1984：307～308.

然的道德方面与马克思主义重视保护大自然的观点不谋而合。

复次，人与自然和谐共生与马克思主义自由与必然辩证统一思想具有一致性。从马克思主义认识论角度出发，通过尊重客观规律前提下的自觉实践活动，人类成为“自然界的主人，成为自身的主人——自由的人”①。自然环境是决定生产力和生产率的重要因素，然而，“自然界起初是作为一种完全异己的、有无限威力的和不可制服的力量与人们对立的，人们同自然界的关系完全像动物同自然界的关系一样，人们就像牲畜一样慑服于自然界。因而，这是对自然界的一种纯粹动物式的意识（自然宗教）”②。“当我们不知道自然规律的时候，自然规律是在我们的认识之外独立地存在着并起着作用，使我们成为‘盲目的必然性’的奴隶。一经我们认识了这种不依赖于我们的意志和我们的意识而起着作用的（如马克思千百次反复说过的那样）规律，我们就成为自然界的主人。”③ 自由是对必然性的超越，人的自由体现于把自然的规律性纳入到人的目的轨道的人类实践中。恩格斯也说，“我们统治自然界，决不像征服者统治异民族那样，决不同于站在自然界以外的某一个人——相反，我们连同肉、血和脑都是属于自然界并存在于其中的；我们对自然界的全部支配力量就是我们比其他一切生物强，能够认识和正确运用自然规律”④。当“不在于幻想中摆脱自然规律而独立，而在于认识这些规律，从而能够有计划地使自然规律为一定的目的服务”⑤ 的时候，才是人类从必然王国进入自由王国的飞跃，人和自然才能达到和谐。以调和、协同的方法达成人与自然的平衡关系状态的人与自然和谐共生理念，随着人类社会的不断进步越发显示出其与科学的马克思主义自由王国思想相同的生态韵味和同样的先进合理性。

最后，人与自然和谐共生与马克思主义历史的自然观具有一致性。马克思在《政治经济学批判·导言》一书中指出：一切对自然的加工都是“在一定社会形式中并借这种社会形式”⑥ 来进行的。就是说，人与自然之间的关系实质上是人与人之间的关系，处理人与自然的关系实质上是一个社会历史过程。人类社会早期，由于人受制于自然，人与自然的关系并不和谐。在以第一次工业大革命为代表的资本主义生产方式开了以人对自然的支配为前提的先河之后，

---

① 马克思恩格斯选集·第3卷［M］．北京：人民出版社，1995：760.
② 马克思恩格斯选集·第1卷［M］．北京：人民出版社，1995：81～82.
③ 列宁选集·第2卷［M］．北京：人民出版社，1995：153.
④ 恩格斯．自然辩证法［M］．北京：人民出版社，1984：305.
⑤ 马克思恩格斯全集·第20卷［M］．北京：人民出版社，1971：125.
⑥ 马克思恩格斯全集·第46卷（上）［M］．北京：人民出版社，1979：24.

人与自然环境关系的一个特征是人对自然的征服和统治，即“把物质生产变成在对自然力的科学统治”[①]。比如在农业中，“资本主义生产一旦成为前提，在其他条件不变并且工作日保持一定长度的情况下，剩余劳动量随劳动的自然条件，特别是随土壤的肥力而变化”[②]。于是，马克思注意到环境的恶化迫使人类通过改变环境来改变自身，不断调整人与自然的关系，从而影响人与人关系的改善、生产力的发展和人类社会的进步。“社会地控制自然力以便经济地加以利用，用人力兴建大规模的工程以便占有或驯服自然力——这种必要性在产业史上起着最有决定性的作用。”[③]

二、“生态人本主义”的生态和谐观与科学发展观的相通性

20世纪70年代以来，随着全球性环境问题的日益严重和环境保护运动的不断发展，人们开始将生态环境纳入到伦理关系之中。说到伦理关系，无非是说我们做事情该做什么、不该做什么，言行举止是否符合社会规范、习俗，是否有碍于社会群体和他人的利益，即特指人与人之间的一种行为关系。但这种行为关系却是以一定的利益关系和利益活动为中介的，也就是说，凡是涉及人的利益关系的地方，都会存在伦理道德问题，那么生态环境及其存在物作为人类生存与发展的根本利益所在，无不影响着人们之间的利益矛盾，当然就存在着伦理道德问题。伦理学的研究开始考虑人的行为对自然资源和生态环境的影响，迄今为止出现了人类中心主义与非人类中心主义两大流派。

“人之为人”的传统强式人类中心主义伦理学，随着自然资源的日益枯竭和生态危机的日益加剧，遭到了全面的批判，其局限性也日益显现：它绝对相信人类理性，坚持人是一切目的，只承认人的内在价值，藐视自然价值，把非人类的存在排除在道德关怀对象的范围之外，实质上是在存在物之间遵循利己主义。人们认识到，传统的狭隘的人类中心主义已将人与自然的关系引入绝境，是导致当代环境问题的深层根源，要想使全球环境恶化的趋势得到有效的遏制，必须摈弃传统人类中心主义，接受现代人类中心主义。而现代人类中心主义在众多非人类中心主义学说的批评、攻击与诘难下，也暴露出许多漏洞[④]：①以人的利益和价值为最根本的尺度，会破坏那些人们认为物种数量比较多或

---

① 马克思恩格斯选集·第1卷［M］. 北京：人民出版社，1995：773.

② 马克思恩格斯全集·第23卷［M］. 北京：人民出版社，1972：561.

③ 马克思恩格斯全集·第23卷［M］. 北京：人民出版社，1972：561.

④ 杨通进. 人类中心论与环境论理学［J］. 中国人民大学学报，1998（6）：54～59.

目前人类需求不多的自然物。②它保护生态资源与环境的目的是为了更好地利用。当人的利益与自然的利益发生冲突时，人就会为了自身的利益而使其他物种和生态系统受到危害。③现代人类中心主义要求把人类这一物种当作一个共同体看待，但这种严格的纯粹的人类中心主义在现实中并无法贯彻。只有当人类真正形成一个同呼吸共命运的共同体时，才会有真正意义上的人类中心主义。[①]

总的来说，无论是传统人类中心主义还是现代人类中心主义都无法为正确处理人与自然的关系提供充分的道德基础和伦理保障。于是，非人类中心主义以人类中心主义的反对者面目出现了。

可是，生态中心主义却有着太多理论上的缺陷和实践上的困境。①非人类中心主义企图从没有物种歧视的立场来证明世界上一切存在物其自身固有的"内在价值"，造成只有非存在（无）才是没有价值的结果。这是把价值论和存在论等同起来了。[②] ②非人类中心主义讲的是离开人这个价值主体的自然界自身的价值。只要是价值，总有好坏、善恶、效用的大小之分，而离开了价值主体（只能是人），又该如何去衡量事物的优劣、好坏呢？人类的生存必须以一定的动植物为基础，而从其平等主义理论出发极易导致极端地贬低人或把人与猪狗并提，人类哪还有生存的机会？③非人类中心主义运用于解决生态危机不具有实施性。地球上大多数国家和地区仍不具备物质量充足的现实基础，去要求他们停止对资源的挖掘和对动物的猎捕，是威胁他们的基本生活。总之，非人类中心主义在强调自然的内在价值的同时矫枉过正，也就"至多可以看成一种信仰或是一种带宗教色彩的劝人为善的说教，而无法成为一种以生态学和伦理学为基础的能从整体上协调人与自然关系的理论"[③]。因此，人类要正确解决生态危机所带来的问题，还需要一种更加完善的生态思想。

正是当代生态思想的上述局限与窘困呼唤一种用来正确解决生态问题的新的生态和谐观——"生态人本主义"。它作为一种新的生态思想，正是这两种理论流派走向融合的产物，体现了人们对自身伦理境界的超越。在人与自然的相互作用中，生态人本主义将人类共同的、长远的和整体的利益置于首要地位

---

① 张海荣．生态伦理与生态美学［M］．上海：复旦大学出版社，2005：108～110.
② 刘福森．自然中心主义生态伦理观的理论困境［J］．中国社会科学，1997（3）：45～53.
③ 王子彦．非人类中心主义观点剖析［J］．科学技术与辩证法，1997（3）：1～3.

的同时，还考虑兼顾非人存在物乃至外部生态环境整体的利益。[①] 它保留了“人类中心主义”中人的主体地位和“非人类中心主义”中人与自然的整体性，克服了以人为中心的主仆关系和物种平等的民主关系，是对传统环境伦理理念的扬弃基础上的创立，与科学发展观有着密切的相容相通性。

首先，生态人本主义强调生态。在它看来，内在价值不单独归于人类或者自然，而是归于人与自然和谐统一的整体。如果硬要说以什么为价值中心的话，那就是以“人—自然”这个系统为中心，“以‘人—自然’系统的整体性为目标，以此建构新的价值尺度就是‘人与自然的和谐’”[②]。其关注的中心是“人—自然”生态系统的整体利益，而这一系统的整体利益与人类的长远利益和根本利益是一致的。人类应该用平衡的观念将人类作为生态环境的一部分重新建立利益体系。

其次，生态人本主义讲求人本。在人与自然这个和谐统一的整体中，人占据发展中心的特殊位置，在二者和谐的基础上把实现人的全面发展作为一切行动和措施的最终目标，把实现好、维护好、发展好人类的根本利益作为出发点、着眼点和落脚点。这体现了以人为本的思想，展示了对人的全面关怀。

再次，生态人本主义宣扬人与自然的共生共存。生态人本主义通过建立生态伦理、生命伦理而改变人类单纯的经济理性与技术理性，实现理性与价值的整合。它明确提出，人类尽管是有理性意识的存在，但确实是从自然中分化出来的，也只不过是更大的自然整体中的一部分。自然以其固有的规律表达着自己的意志，人的生物性或者生命特征使得人类意志必须成为这种意志的一个部分。所以，人与自然必须在互利共生、和谐共存的基础上进行交流。

最后，生态人本主义支持生态文明。人类中心主义是当今危及人类生存的自然环境的思想原因，也是工业文明时代占主导地位的世界观和价值观。为了防止全球性生态毁灭灾难的到来，使人类文明得以延续下去，人类必须为走向未来做出理性选择，转向一种新的文明——人与自然和睦相处、共同进化的生态文明。[③] 生态人本主义便是与这一文明形态相适应的主导价值观，为生态文明的建设提供了伦理支撑。

地球的承载力是有限的，为了维护地球的生态平衡，人类必须要节制其空

---

① 陈映霞．一种新型的生态人类中心主义——从两点论与重点论相结合的辩证观点看可持续发展［J］．怀化师专学报，2002（3）：4～7.

② 余谋昌．创造美好的生态环境［M］．北京：中国社会科学出版社，1997：222.

③ 佘正荣．走向“生态人文主义”［J］．自然辩证法研究，1997（8）：41～45.

前膨胀的物质欲望。发达国家有义务减少其能源消耗总量，并帮助发展中国家走出保护环境与发展经济的两难困境；发展中国家则有责任在环境保护与经济可持续发展之间保持某种平衡。而对于中国而言，生态人本主义也无疑会给我们以深刻而丰富的启迪。它告诉我们，人与自然关系的理想状态乃人的内在尺度与自然的外在尺度的统一，而这种统一应该基于社会、经济、自然三维角度作全面考量，正如胡锦涛同志在 2005 年 2 月指出的："人与自然和谐相处，就是生产发展、生活富裕、生态良好。"经济的全面发展处于首要位置，人们生活的富庶是关键，生态的可持续为前提和基础，这正符合"第一要义是发展，核心是以人为本，基本要求是全面协调可持续"的科学发展观的重大战略思想。

第三节　人与自然和谐共生的合理性分析

世界事物的存在，从一般意义上来说都具有某些合理性的因素存在。"人与自然和谐共生"并不是主观臆造的，有其产生和存在的合理性。"合理性"是个多层面、多类型和多语义、可变化的概念。德国社会学家马克斯·韦伯（Max Weber）将"合理性"（rationality）分为两种，即价值（合）理性和工具（合）理性。价值理性相信的是一定行为的无条件的价值，强调的是动机的纯正和选择正确的手段去实现自己意欲达到的目的，而不管其结果如何。而工具理性是指行动只由追求功利的动机所驱使，行动借助理性达到自己需要的预期目的，行动者纯粹从效果最大化的角度考虑，而漠视人的情感和精神价值。[①]自马克斯·韦伯首先提出和使用合理性这一术语以来，合理性问题在 20 世纪特别是其最后几十年以"新的哲学范式"的姿态成为当代哲学的一个重要的前沿问题。对人与自然和谐共生的合理性进行分析旨在为人与自然的和谐关系进行理性重建。

从词源上看，"合理性"英文是"rationality"，被理解为符合一定的规律或讲得出道理或逻辑根据，多用于讨论理论的根源、特征、变革等对思维活动的作用，具有"理由的可接受性"之义，表明是对理由的评价。从字面词义上

① 顾忠华．韦伯《新教伦理与资本主义精神》导读［M］．西安：陕西师范大学出版社，2005：28.

看，合理性是就对象之合乎秩序，或合乎目的性而言的，是被考察的对象的特征，其所合乎的“理性”（reason）原有的概念、判断、推理等思维形式或思维活动的内容已经泛化为一般的“标准”的含义。由于合理性是从人的目的出发对人的行为及其结果的理性评价、约束和规范，人的目的成为对象之合理性的根据或标准之一，因此合理性是一个评价概念，应当关注“合理的特性”①。其关键在于追问什么是正确的表达、有效的表达、应然的表达和诚信的表达。人与自然和谐共生的合理性问题是根据理性的本性和人的本质力量，对人与自然和谐共生作为一种世界观和方法论的意义、结果、规范和美感进行评价和反思而产生的。与之相对应，人与自然和谐共生的合理性应当包括四个组成部分，即价值合理性、工具合理性、道德合理性和文化合理性。主体对客体的思考、生态对文化的贯穿奠定了其合理性的基础，价值与事实的勾连、科学和道德的融合完成了其科学性的铸造。

一、价值合理性：人性价值与自然价值的完美契合

价值关系是主客体之间相互作用形成的一种重要的具有某种有用性和积极意义的功能效应关系，主要是一种客体对主体的有用性关系。但是应该看到：客体被主体认识的同时，主体的价值也在反向被客体调节着。人与自然和谐共生作为理想的主客体之间价值关系状况的判断，抛弃了那种抽象狭隘的价值认识，既将人作为价值对象来对待，又考虑用价值范畴来衡量和评价作为客体的自然，而不是单向度地看待价值范畴和忽视价值主客体之间的偶联性。实际上，人类的活动在内在精神的层次上返回自身，而陶冶、涵养了整体的精神，把人的心灵提升到普遍性状态，于是其行为表现就会合宜、合理，这样就体现为一种合乎价值的要求和本质的价值合理性。

在西方传统哲学视域中，“价值”是属人的，即只有人才具有价值尺度，自然没有其内在价值。从根本上来讲，价值问题是人类社会历史实践活动中的问题，它是相对于人的需要而言的，离开人这个特定的利益主体，是无所谓价值的。“自然界的社会的现实和属人的自然科学，或关于人的自然科学，都说的是同一个东西。”② 所以应该肯定的是，只有在与人发生作用产生一定的关联后，天然形成的自然因素也好，通过人工改造形成的自然界的事物属性也罢，

---

① 王树松．技术合理性探究［J］．科学管理研究，2006（1）：44～47.
② 马克思．1844年经济学哲学手稿［M］．北京：人民出版社，1979：82.

才有价值认识的意义和实践的用途。所以说，价值问题本质上是人类追求自由和理想的过程中的问题，没有人和人的需要，就谈不上价值。但是自然除了与人相关的工具性外在价值，也有其内在价值，是因为自然物之间相互联结、彼此依赖而产生一种动态平衡效应，加之“生态系统中各种存在物（包括人）对于维护整个生态系统稳定、完整、有序所具有的价值和意义，是其最高的内在价值，它遵循的是生态系统整体尺度，而不是服从哪一个物种的特殊要求”①，即自然界或生态系统是自满自足性的。也就是说，“自然的价值可以从不同的尺度进行评价。它的价值以人为尺度进行评价，表示对人类生存具有意义，能满足人的生存、享受和发展的需要，这是自然界对人的价值；它的价值以其他生命为尺度，表示它对其他生命的生存具有意义，能满足其他生命生存和发展的需要，这是自然界对人以外的其他生命的价值；它的价值以自然界自身为尺度进行评价，表示它自身的生存和发展。在这里，自然界的价值支持人类的持续生存、支持其他生命的持续生存，从而支持自然界本身的发展和演化。这是自然界本身的价值”②。以人和其他生命为尺度则是“自然的外在价值”，也可以称为工具价值，是自然界作为资源，以及它对人和其他生命的功用加以解说的，以自然界自身为尺度则是“自然的内在价值”，是它自身的生存和发展，从其自身的利益保持地球基本过程的健全发展加以解说的。③

2005 年 3 月 30 日，联合国在全球 8 个城市同时发布《千年生态环境评估报告》。该报告对生态系统的定义与以往不同，以生态系统可为人类提供的服务或利益为前提，如木材可以建造房屋，空气可供人类呼吸，鱼类可以为食，纤维可以为衣。地球自然资源每年提供价值 15 万亿英镑的物产，如新鲜的水、清洁的空气和鱼等，即是说，自然生态对人的价值集中表现为生态系统的服务功能。自然之物的有用性也具有多种形式。从自然物的内在属性来看，具有许多客观存在的内在属性，马克思指出，自然物质“都是许多属性的总和，因此可以在不同的方面有用”④。比如说水，无色、无味、常温下呈液态等，这是它的物理属性；一个水分子，由两个氢原子和一个氧原子组成，这是它的化学属性，还有其他许多方面的属性。从人类主体的需要来看，水可以解渴，助消化，治病（古代埃及人经常给病人灌水治病），还可以清洁有利于健康，灭火

① 李培超．自然的伦理尊严［M］．南昌：江西人民出版社，2001：14.

② 童天湘等编．新自然观［M］．北京：中共中央党校出版社，1998：223.

③ 余谋昌．生态伦理学——从理论走向实践［M］．北京：首都师范大学出版社，1999：69～70.

④ 马克思恩格斯全集·第 23 卷［M］．北京：人民出版社，1972：48.

消灾，大海、湖泊可供观赏，还具有至关重要的生态调节作用等。自然之物的属性虽然并不是专为人类而存在的，但却构成了人类存在的必要条件。比如，植物就意味着是进行光合作用的自然存在物，而人类的生活离不开植物进行光合作用所吸收的太阳能量以及释放的氧气。从人类主体的认知能力来看，自然之物的有用性具有内在性，人类不能去创造它，只能去认识它，所以它可以分为两大类：一类是已经为人所认识和利用的自然有用性，另一类是尚未为人所知的自然有用性。人的需要是多层次、丰富性的。美国学者马斯洛将其划分为五个层次：生理需要、安全需要、社交需要、尊重需要和自我实现需要。自我实现需要作为主导价值理念又使得劳动成为人的第一需要。个人通过自身主导价值观所展现的独有的区别于动物的诸多能力与特性以及生存方式，尤其是人类能够与自身的生存环境相协调的特性，因不自由且不自觉的劳动异化现象而受束缚，常常使人性价值被自然价值所掩盖，在作为人与自然中介的劳动中，不仅不能体现人性价值，反而成为自身本质力量和自身人性价值的羁绊。人性价值能否实现，最主要的就是从劳动的不自由不自觉状态的束缚中解放出来，更多的就是依赖人与自然的契合程度。因此，人与自然和谐共生要求不断踢开绊脚石而自由自觉的劳动，就是人的主体性提升的标志和自由个性价值的理想本质。

人通过与自然界的本质交换把自己和动物区别开来，获得了人的本性。在人全部的本质交换活动所需要的物质持续供给上，自然界具有决定性、根本性的基础作用，为人类社会经济活动以及生产性的本质交换的劳动提供了物质资料。正如马克思所说的自然界是“作为人的直接的生活资料”的客观存在，无论从物质方面还是从精神方面，无论是从表面现象上还是从内在本质上来说，人的生存与发展及其人类社会的生存与发展都要依靠自然界这一“人的无机的身体”。特别是在当人类破坏了生态平衡、形成了人与自然的对立的异化劳动中和工业化过程带给人们生态环境日益恶化的深深刺痛里，人们越发认识到了自然、生态在人类社会发展资源的重要性物质地位。

人与自然界的本质交换，是人把自己对自然界肯定与否定的双重价值判断通过实践活动在从自然界那里获得满足自己需要和实现自己目的的东西。在交换过程中，人具有了在自然界中唯一有生命的、对象性的、有意识的自为的存在物的价值，自然也具有了人演化依赖的自在自为的存在基础的价值，人与自然共同具有了与彼此形成有机整体性的价值。就此马克思指出：“人作为自然的、肉体的、感性的、对象性的存在物，和动植物一样，是受动的、受制约的和受限制的存在物，也就是说，他的欲望的对象是作为不依赖于他的对象而存在于他之外的；但这些对象是他的需要的对象；是表现和确证他的本质力量所不可缺少的、重要的对象。”[①] 生命与自然的双重力量便“作为天赋和才能、作为欲望存在于人身上”[②]。由于人主动自觉的“本质交换”（人与自然的对象化），“它所以能创造或创立对象，只是因为它本身是为对象所创立的，因为它本来就是自然界……它的对象性的产物仅仅证实了它的对象性活动，证实了它的活动是对象性的、自然的存在物的活动”[③]。马克思还在《1844 年经济学哲学手稿》一书中写道：“动物只是按照它所属的那个种的尺度和需要来建造，而人却懂得按照任何一个种的尺度来进行生产，并且懂得怎样处处都把内在尺度适用到对象上去。”在这里，内在尺度所指的，“正是主客体相互作用中的主体性内容方面，正是在实践——认识活动中实现的客体主体化过程，而这些，也正是价值关系的内容”[④]。既然自然界在人类生命个体的物质维持上具有的这种决定性的基础地位永远无法颠覆，那么就必须对自然界在人类社会发展中的生态价值给予足够的重视。即使将来的科学技术水平再高，由于“自然科学却通过工业日益在实践上进入人的生活，改造人的生活，并为人的解放作准备，尽管它不得不直接地完成”人的关系的“非人化”。“工业是自然界、因而也是自然科学跟人之间的现实的、历史的关系。因此，如果把工业看成人的本质力量的公开的展示，那么，自然界的人的本质，或者人的自然的本质，也就可以理解了。”[⑤]

经过人与自然的这种交互变换，人从自然界汲取了自己作为人的本质力量——人的主体地位，可以说这是大自然进化的结果，而自然界客体地位的确立又是主体对自然的复归。人与自然和谐共生把人与自然之间这种交换作为人类及人类社会在发展中与自然和谐共处、互助合作的依据和保证，“使人的价值要求既合乎主体又切合实际”[⑥]，标志着人的主体性的提升以及人与自然、人与人的最佳和谐。所以，人与自然和谐共生充分体现了其人性价值和自然价值的完美契合。

---

① 马克思恩格斯全集·第 42 卷［M］．北京：人民出版社，1979：176～177.
② 马克思恩格斯全集·第 42 卷［M］．北京：人民出版社，1979：167.
③ 马克思．1844 年经济学哲学手稿［M］．北京：人民出版社，1979：120.
④ 李德顺．价值论［M］．北京：人民大学出版社，1987：102.
⑤ 马克思．1844 年经济学哲学手稿［M］．北京：人民出版社，1979：81.
⑥ 赵理文．论历史发展的合主体性［J］．中共中央党校学报，2004（2）：10～15.

二、工具合理性：主体能动性与客观规律性的内在统一

自然环境对人类的自在制约性和人类对自然环境的自为能动性的统一构成了人与自然关系的重要内容。创造、拥有现实这一切并为这一切而斗争的，是人——现实的、活生生的人。由于历史的舞台上并不存在把人当作达到自己目的的工具来利用的某种特殊的人格，不过都是追求着自己目的的人的活动。[①]所以说，人与自然和谐共生既是对人的活动的制约，同时也为人的活动提供了舞台。可见，尊重社会规律并不是意味着对人的主体地位的否定，相反，是对人的主体地位的肯定，而尊重规律具有一种工具效应，是为了展示人的价值和实现人的目的。主体与客体之间形成有机的、协调的关系是主体尊重自然规律发挥能动性的过程，也是在人与自然和谐共生对合乎目的和结果的实效性判断下的特殊要求。

和谐共生在内涵上相对于失衡敌对、混乱冲突等状态的词汇或范畴，那么，人与自然环境的和谐，取决于人与自然两方面的因素，人对自然的主动与自然对人的制约，而起主导作用的是能够发挥能动性的人。在实践层面上，人要实现能动的目的，满足自觉的需求，即要合主体能动性，就必须遵循客观规律，选择适当的样式方法，这样，人的活动又是合乎客观规律性的。人类对自然无节制地发挥主动性进行工具性掠夺必然招致自然的报复。因而，合乎客观性规律地最人化发挥主体能动性才是正确的选择。

中国古人主张“天人合一”。道家老子提出：“道生一，一生二，二生三，三生万物。”“道”乃“独立不改，周行而不殆”的“常自然”，因而“人法地，地法天，天法道，道法自然”。强调人要以效法天地本原尊重自然规律为基本圭臬。庄子也推崇“天地与我并生，而万物与我为一”的顺应自然原理、与自然和谐的境界。儒家孔子提出“钓而不纲，弋不射宿”，反对人破坏生态平衡的行为。显然，儒家以“仁义”、道家以“本原”形成各自的思想精华。这些都是中国古人强调人类应当认识和尊重自然规律，保护和关怀自然资源的宝贵思想财富。

经济发展对自然物质形成的大量需求与各种自然资源的有限性之间的矛盾必然成为发展瓶颈。这就需要发展主体的创造性并体现于解决瓶颈问题的手段上。对于自然资源毕竟是有限的来说，应对的手段则是无限的。这就是说，人

---

① 马克思恩格斯选集·第1卷［M］．北京：人民出版社，1995：71.

们绝不是对自然的有限性无条件地驯从，也并不是单纯地、过分地、一味地强调满足人的利益而是在认识客观规律性中体现出应有的主动性。

任何事物的产生、发展和灭亡都有它内在的本质的必然的联系，即规律性。自然界不例外，任何形式的人类实践也不例外。要满足人所特有的社会需要，要作为人而生存和发展，人就必须能动地作用于自然。主体能动性作用于自然，体现在人能够正确认识自然和有效建设自然这两方面。人并不是一个一般的被动的存在物，与动物的存在方式是不同的，“动物仅仅利用外部自然界，简单地通过自身的存在在自然界中引起变化；而人则通过他所作出的改变来使自然界为自己的目的服务，来支配自然界”[①]。“诚然，动物也生产……但是动物的生产是片面的，而人的生产是全面的；动物只是在直接的肉体需要的支配下生产，而人甚至不受肉体需要的支配也进行生产；动物只生产自身，而人却生产整个自然界；动物的产品直接同它的肉体相联系，而人则自由地对待自己的产品。动物只是按照它所属的那个种的尺度和需要来建造，而人却懂得怎样处处都把内在的尺度运用到对象上去；因此，人也按照美的规律来建造。”[②]

正因为人区别于动物而是一个有意识、有目的的自为能动的存在物，才能够正确认识存在于自然和社会的客观规律，如气候变化规律、生态平衡规律、一些自然资源的不可再生规律等。正因为自然界不会自动地满足人类的生存需要，人类才根据这些规律去能动地支配自己的行为，达到建造自然以满足自身需求的目的。并且，人类有能力对自身行为可能产生的近期或长远的影响进行预见，进而根据这种预见能动地调节这些影响。当代自然科学的高度发展和全面进步，就是人类对自然界的认识达到了新阶段和新高度的确证。而这种预见后的自觉调控活动，正是人类对自然界的改造作用的集中体现。

人类通过自己的自觉实践，扮演着推动自然界演化发展的角色，使天然自然转化为人工自然，大量人化自然不断出现、扩展与拓深。陆地上农田水库、人工植被广袤无垠；海洋中大大小小的船只星罗棋布；蓝天下各种航天器环球运转等，正所谓“人在生产整个自然界”。这一切都说明“只有人才办得到给自然界打上自己的印记”[③]。在人类主体能动的影响下，对自然恰当的干预可以不断朝着有利于人类的方向发展。所谓恰当的就是合乎自然规律的、平衡的，也就是说，人的主观能动性是受自然规律制约的。广东的汕头港的航道因其内

---

① 马克思恩格斯选集·第4卷［M］．北京：人民出版社，1995：383.
② 马克思恩格斯全集·第42卷［M］．北京：人民出版社，1979：97.
③ 马克思恩格斯选集·第4卷［M］．北京：人民出版社，1995：274.

湾历年实施围海造陆而逐渐淤浅，仅20世纪50年代到80年代汕头湾就被围去近70平方公里，导致了纳潮量由1956年的2.96亿立方米锐减到80年代的1.5亿立方米，致使湾口外航道的水流明显减慢并淤浅。后来耗巨资修建外导流堤仍见效不大，万吨海轮进出汕头港受航道水深的限制，近年不得不在湾口外另寻广澳湾作为新的深水港。显见，围湖造田行为受到生态链条系统客观存在的规律所限，造成的严重恶果已经初现端倪。可见，人的能动性的发挥必须尊重自然规律，任何违背自然规律的行为，必将遭到大自然的惩罚。因此，合理的主体能动性行为才是人与自然和谐共生所追求的。亦是说，自然界的客观规律是人与自然建立和谐关系所必须遵循的最高准则和根本原则。

人的因素在人与自然双方固然是主要的，看到自然规律对人类行为的制约规定性，这只是实现人与自然和谐的一方面，更重要、更紧迫的另一方面是要看到人建造自然的主观能动性。只有在尊重自然规律的前提下，充分、合理地发挥人的工具理性，利用自然与尊重自然的最大限度的统一，自然界才不会穷尽其潜力，反而尽可能地为人类的生存和发展提供各种条件和前提，才会建立有益于人类生存和发展的新的自然平衡，才能在更高层次上真正实现人与自然的和谐共生。

由上可见，人与自然的和谐共生，就是处理好人的主观能动性与自然界客观规律性两者之间的关系。人与自然和谐共生的发展道路是坚持有利于人类，有利于生态的双重标准，坚持以人为本与尊重自然规律相结合，既尊重人，又尊重生命和自然界；既尊重人类文化，又尊重自然生态；既尊重文化价值，又重视“自然价值”的思想。这才是基于和谐目的和直指和谐结果的客观手段的合理性。

三、道德合理性：人类社会伦理与生态和谐伦理的充分展现

“伦理本性上是普遍的东西，这种出之于自然的关联本质上也同样是一种精神，而且它只有作为精神本质才是伦理的。”[①] 从伦理道德层面来说，人和自然的关系是以被自然中介了的人和人利益关系和道德关系的一种间接反映和曲折体现。自然是否具有独立于人的内在价值，是当前突破传统理论的泛主体论者与传统理论范围内的人类中心主义者的两种不同的思路，然而，无论承认自然具有内在价值与否，这两种不同思路都成了寻找人对自然具有义务和责任的

---

① ［德］黑格尔．贺麟，王玖兴译．精神现象学（下卷）［M］．北京：商务印书馆，1996：8.

前提。事实上，人对自然的道德是人对人的义务的一种间接实现，人们在社会实践中和社会交往中形成的人与人之间的伦理关系，本质上是通过自然折射出来的一种行为规范和伦理准则。法国思想家施韦兹曾指出，“只有保持和发展生命的绝对而普遍的合目的性才是合乎道德的。”因而，以一定的道德原则和道德理想来对人与自然的关系进行道德评价，是可取的。那么，合乎道德的匡正规导，则是人与自然和谐共生合理性的应然之所在。

伦理关系及其道德观念产生的客观基础乃是物质生产活动及物质资料的生产方式。马克思说：“人们按照自己的物质生产的发展建立相应的社会关系，正是这些人又按照自己的社会关系创造了相应的原理、观念和范畴。”[①] 恩格斯在《反杜林论》中进一步指出：“人们自觉地或不自觉地，归根到底总是从他们阶级地位所依据的实际关系中——从他们进行生产和交换的经济关系中，汲取自己的道德观念。”[②] 生产方式在社会发展中起决定作用，包括生产力和生产关系。其中，生产力的基本要素包括劳动者、劳动对象和劳动工具。人与自然的和谐共生体现在生产力领域中就是劳动者和劳动对象通过劳动工具而和谐共生，体现在生产关系领域就是生产、交换、分配、消费过程中形成的社会关系中的人—社会—自然之间的和谐共生。人与自然和谐共生是以“实践—精神”的方式把握世界的，既是向实践生成的精神，又是在去恶扬善精神引领下的实践。因此，人与自然和谐共生是人类在社会伦理与和谐伦理方面一次充分的觉醒和展现。

（一）作为一种世界观

人与自然和谐共生作为一种世界观，拓展了伦理道德界域的范围。伦理精神有广义与狭义之别。狭义的伦理精神关涉的是人与社会内在秩序的伦理关系，体现着一定社会“人伦关系、伦理规范、伦理行为的价值取向”，因而是一定社会或民族社会生活的内在生命秩序的“设计原理”及其伦理品性的生长过程。[③] 广义的伦理精神涉及整个非个人领域的伦理关系，包括环境等一切属于非人领域的领域。不仅是一定社会内在秩序的体系，而且体现了一定社会的人—社会—自然系统的内在秩序的协调状况；不仅体现着人的目的——人们如何安顿人生、如何调节人的内在生命秩序，而且同时能够认识和体悟自然的目

① 马克思恩格斯全集·第4卷［M］．北京：人民出版社，1958：144.

② 马克思恩格斯全集·第20卷［M］．北京：人民出版社，1971：102.

③ 樊浩．中国伦理精神的历史建构［M］．南京：江苏人民出版社，1992：29.

的——自然（包括人在内）的生态价值、人在自然中的地位，人对人—社会—自然系统的内在秩序的责任与使命，进而确立相应的伦理规范和伦理行为的价值取向。[①] 正如黑格尔所指出，伦理精神“当它处于直接的真理性状态时，精神乃是一个民族——这个个体是一个世界——的伦理生活”[②]。

人与自然和谐共生的世界观就是在人与自然之间建立真正平等的、公正合理的人与人（不仅仅是现代人之间的关系，而且包括现代人与后代人之间的关系）、人与自然的关系，生命共存而发展偕同，是“把人类在共同体中以征服者的面目出现的角色，变成这个共同体中的平等的一员和公民，它暗含着对每个成员的尊敬，也包括对这个共同体本身的尊敬”[③]。在人与自然的关系上，人是主体，自然是客体，人有开发和利用自然的权利，也有责任把自然列入与人—社会体系同列的道德关怀的义务之中，以此保证人与自然的交流原则、人与人的交往标准内在的公正与和谐。可见，追求权利与义务间的统一性，亦即公正，是人与自然和谐共生世界观的核心特征和精神本质。

道德有崇高与神圣之分，但在社会伦理（social ethics）这里，却没有什么崇高与神圣，只有公正。社会伦理是客观的公正存在，这种客观的公正存在的主观状态就是个体道德（personal virtues）中的正义感。不过，说社会伦理是客观的社会公正存在，是在应然与实然统一的意义上说的。即，社会伦理不是实存描述的，而是批判反思的，社会伦理所揭示的是应有的公正关系。[④] 由此得出，以人与自然和谐共生这种新世界观审视道德主体行为善恶，丰富了平等的内涵，表现出当代人类对自然、对后代人的伦理关怀。从这个角度上来说，人与自然和谐共生显示了对人类社会伦理和生态和谐伦理的重视。

（二）作为一种方法论

人与自然和谐共生作为一种方法论，标志着伦理道德境界的提升。人与自然和谐共生不是从个体、主观的角度对万事万物以及社会现象的认识和研究，而是从共同体、客观的角度展开。“这个共体或公共本质是这样一种精神，它是自为的，因为它保持其自身于作为其成员的那些个体的反思之中，它又是自

---

① 陈爱华．科学与人文的契合［M］．长春：吉林人民出版社，2003：13～14．

② ［德］黑格尔．贺麟，王玖兴译．精神现象学（下卷）［M］．北京：商务印书馆，1996：4．

③ ［美］利奥波德．侯文惠译．沙乡年鉴［M］．长春：吉林人民出版社，1997：201．

④ 高兆明．“社会伦理”辨［J］．学海，2000（5）：36～40．

在的，或者说它又是实体，因为它在本身内包含着这些体。"① 具体地说，人与自然和谐共生是关于"治世"的学问，这一内容包含在人从事这种认识、分析和研究时"应当怎样"的解答中。

首先，共生展现了人类社会伦理的生活态度。为了认识本身的客观、公正与合理，我们不再以超脱于事件之外的旁观者身份用一种彼此利益截然对立、水火不相容的立场与方法，而是作为置于事件中的当事人姿态用一种共生共在的立场与方法来组织与认识自己、自然世界和社会生活及其相互关系。在社会伦理上，由洛克、卢梭的"契约论"开启了这种共生共在之大门，而罗尔斯的"无知之幕"方法表达的亦正是这种共在共生于共同体中的道德生活范型。因此说，共生是这种生活态度的显现。只有在这种态度之下，才有可能实现社会公正秩序。

然而，利益冲突是人与自然之间矛盾的关键所在，解决生态问题也是解决人与自然利益关系问题，其关键就是处理好人与人之间的利益关系。共生是否完全脱离了现实中矛盾着的利益关系？事实上，这里的共生要旨是舍一己之私，求整体之利。开始是以共同体中没有自身私利的共在共生者超然于外，而后在超然审视诸多利益冲突的基础上对"人—自然—社会"的紧张局面作出调整且有效改变。

其次，和谐展现了生态和谐伦理的精神境界。自然是有生命的个人存在的历史前提，人类生产、生活所需的一切原料都来自地球上的六大自然资源：矿产、森林、淡水、能源、土地、物种。在人对自然界的需求同自然界的供给之间、在人类处理自身与自然的关系之时用和谐的方法，将保持"人—自然"这一生态系统的协调一致乃至人类社会文明程度的生态显达。"也许，生态系统永远不可能实现绝对的和谐。正因为这样，我们与其把和谐视为一种伦理目标，倒不如作为一种伦理追求。"②

生态和谐伦理强调生态系统中人与人之间、人与其他生物之间、人与所有存在之间以及其他所有存在相互之间和谐相处、互动共生的关系，使之达成这样的关系的行为准则是生态和谐伦理的主要内容。③ 森林生态、土地生态、矿产生态、淡水生态、能源生态、物种生态等各个小的生态体系融汇成整体协调

---

① [德] 黑格尔．贺麟，王玖兴译．精神现象学（下卷）[M]．北京：商务印书馆，1996：7.

② 苏宝梅，刘宗贤，刘长明等．和谐伦理学宣言——为了所有生物和非生物存在的和谐发展 [J]．济南大学学报，2002（5）：1～10.

③ 苏宝梅．我的和谐伦理观 [J]．济南大学学报，2003（3）：1～10.

的更大的生态系统。首先“合而不同”，承认各个小生态之间以及小生态内部各个体事物的差异；然后“兼容并蓄”，以开放的状态和风范相互接纳不同事物而实现优势互补、和睦相处。和谐是对生态和谐伦理这种自觉追求的精神境界的凸显，“物我同舟，天人共泰”必将也必然掀开地球人生存共识的新篇章。

四、文化合理性：人的诗意栖居之美与自然生态之美的审美塑造

“广义的文化是指人类赋予对象世界以人化形式的特殊活动及其成果，狭义的文化仅指人的精神创造活动及其成果”，文化即“人化”[①]，人化要求的结果就是和谐，这也是文化的理性规定。在人类审美的角度上，和谐共生的人与自然关系体现出的生态美和社会美是自然生态环境和社会发展和谐的重要形式。马克思曾在《1844年经济学哲学手稿》一书中指出人与自然之间的审美关系，认为：人能够在生产实践活动中“按照美的规律来建造”生命家园。自然生态也是审美的客体，人与自然的和谐是有利于人的、合乎人化要求的，能够审视出美感的，所以就是合理性的；反之，人与自然的不和谐就是不利于人的、不符合人化要求的，不能够审视出美感的，所以就是不合理性的。在美学意义上，美的价值有两个层次：一是事物的自然属性和外部形式；二是事物的社会属性和社会内容，而这种社会属性和社会内容是由事物在社会生活和社会历史实践中所占据的地位和所起的实际作用决定的。所以，美感首先就体现在自然与社会的和谐状态中，这也就体现出了“社会和谐之美”与“人本价值”原则的统一性。[②] 人与自然和谐共生角度的审美塑造是以人的社会实践为基础形成的人类文化。任何美都是一种文化的积淀，一种为人的价值，审美在每种文化里都会出现。[③] 不同的文化会产生不同的审美结果，就像一千个观众就有一千个哈姆雷特，文化的差异性是审美不同的根源，美形成于文化根系之生长，从这些文化根系生长出的各种文化形态透射出文化独特的审美内涵。所以，人类有目的有意识地创造美和享受美，是对人在对象世界中生命活动的自我确证和体验。总的来说，在人与自然和谐共生的层面上包蕴着人类梦想中诗意栖居和社会生态两种美的追求。

首先，和谐是一种美。和谐是各种杂多的矛盾事物的高度统一，是美的本质特征。很早以前古希腊的以毕达格拉斯为代表的自然科学家就提出了“美是

---

① 赵理文．历史发展之谜与马克思主义的科学解答［M］．南宁：广西人民出版社，1999：158．

② 林学达．哲学视阈中的科学发展观研究［D］．中共中央党校博士学位论文，2007：115．

③ ［美］亚伯拉罕·马斯洛．李德荣译．马斯洛人本哲学［M］．北京：九州出版社，2003：64～65．

和谐”的观点。和谐一词原本就见于中国传统文化的各种理念和主张之中，如《周易》和儒家都主张天人合德、天人合一是为了使人和自然和谐地发展，“和谐，它是浩畅的惠风，是润物的甘霖，是天地大道、人类社会的秩序……是中国在21世纪初向全人类奉献上的最神圣、最先进的文化，这种文化根植在中华民族古老文明的基础之上，而在新世纪将是一条人类通向生存、和睦、共同发展的康庄之道”[①]。中国共产党十六大报告在谈到全面建设小康社会的奋斗目标时，强调“促进人与自然的和谐”，使“社会更加和谐”。

其次，共生是一种美。共生寓含了“存在之天命”，主要体现为“人—自然—社会”的共存。人类从野蛮的荒芜走向灿烂的文明，人类诗意地栖居于大地并能与万物互补和共存，这是善的期许。人诗意地栖居于大地之上，在本质上，人与自然万物同在。[②]美国女生物学家蕾希尔·卡逊在1962年出版的《寂静的春天》一书中，揭示了万物同生时的“美”和生物灭绝后的“丑”。这使人们认识到只有保持自然生态的平衡，实现自然本然态，才是人类社会与自然生态并存的美。

经历过农耕文明之后的工业文明所形成的人类对自然的敌对态度，使这种美遭到了破坏。人类因为拥有了太多科技等因素遮蔽了人与自然本然的和谐。所有生物协调就会生存，就发展，就产生美；不协调就有危机，就无法存在，也就不美。美与否是大自然在漫长的历史演化中固有的一种内在规律性。“自然界处处充满着美，这很大一部分应归功于自然选择。”[③]借助自然的审美经验，人类才能重新领略本然的和谐状态。

事实上，自然界退化是人类把大自然作为审美对象寻求美的一个起点，人的诗意栖居之美正是人类寻求与自然和谐的表现。“诗意地栖居”出自荷尔德林的一篇诗作，“如果生活纯属劳累，人还能举目仰望说：我也甘于存在吗？是的！只要善良，这种纯真，尚与人心同在，人就不无欣喜，以神性来度量自身……神本是人的尺度。充满劳绩，但人诗意地，栖居在这片大地上……人是神性的形象。大地上没有尺度？绝对没有”[④]。把人的居住环境与诗意的世界联系起来，这本身就具有和谐的内在情结，也体现了一种积极进取的“诗意”的本真状态。追求“诗意”的本真状态，是因为现在失去了“诗意”，人的栖居

---

① 范曾．向和谐社会表达［N］．人民日报，2007-2-19（4）．

② 钱中文．文学理论：走向交往对话的时代［M］．北京：北京大学出版社，1999：313．

③ ［英］达尔文．舒德干等译．物种起源［M］．西安：陕西人民出版社，2001：522．

④ ［德］马丁·海德格尔，孙周兴译．演讲与论文集［M］．北京：生活·读书·新知三联书店，2005：203．

之所以失去了“诗意”，是由于人类生存的危机还不在于其生存的非本真状态，而在于其对这种非本真状态的生存已无力察觉。[①] 在中国人的传统文化观念中，人类社会的正常运转本来就是应该与自然界同源的。《周易·序卦传》认为：“有天地，然后万物生焉。有天地然后有万物，有万物然后有男女。有男女然后有夫妇，有夫妇然后有父子。有父子然后有君臣，有君臣然后有上下，有上下然后礼仪有所错。”“古者庖牺氏之王天下也，仰则观象于天，俯则观法于地，观鸟兽之文，与地之宜，近取诸身，远取诸物，于是始作八卦，以通神明之德，以类万物之情。”还有中国古代解释宇宙结构、起源及人与自然关系的阴阳五行学说。去除其迷信部分，确有着丰富的科学内涵。阴阳学说中阳指日光或天，阳代表阳性、主动、明、干、刚等。阴指月光或地，代表阴性，被动、冷、暗、湿、柔等。阴阳双方泛指两种作用，它们相互依存、相互制约，构成了自然界和人类及其社会的一切矛盾运动。五行学说是指金、木、水、火、土这五大元素系统相互转化的关系。五种元素搭配合理、五大系统调控协调的话，就五谷丰登、和谐安顺，人与自然二者本身及二者之间的一切变化都可以用五行学说来解释。另有，老子在《道德经》中说：“道生之，德蓄之，物形之，势成之，是以万物莫不尊道而贵德。”这就是说，道是一种自然法则，大自然中的万物生长，有其自然的规律和法则，只有顺应自然，才能成势。《庄子》则有：“天地有大美而不言，四时有明法而不议，万物有成理而不说。”这即是说，大自然中的万物发展是合情合理的，顺物之情就是模仿天道。孔子在《中庸》中有：“天地之道，可一言而尽也。其为物不贰则其生物不测。天地之道，博也厚也，高也明也，悠也久也。”这也是说人类受天地自然之气滋养。[②] 所以，诗意栖居之美和社会生态之美的追求，来源于中国传统文化合理自然观以及直观朴素的生态伦理思想的文化资源。佛教的缘起论认为，万事万物都是相互依存的，教义中还有“普度众生”“泽被草木”的说法，这也是一种与自然共生的理念。尤为重要的是，佛教还认为，生态危机的根源在于心态危机和心灵污染，这恰恰同马克思主张通过社会约束人的道德准则以净化人心来净化环境是一致的。诗意地栖居就是能使人感受到生活的乐趣，获得精神安宁祥和与内心旷达乐观的生活。能否发现生活的诗意，不仅要有诗意的花园世界供人居住，还在于个人的心灵。如果一个人有生活情趣，精神境界和道德修

---

① ［德］马丁·海德格尔，孙周兴译．演讲与论文集［M］．北京：生活·读书·新知三联书店，2005：203～205.

② 周易·系辞下［M］．上海：商务出版社，1989：47.

养达到高尚而丰富的程度，那么这个人就诗意地生活着。唐代的韩偓《仙山》诗云："一炷心香洞府开"，诗意就在我们心里和眼里，因此，自然美的实质是自然的人化。在自然人化的过程中，是人类在长期、大量、反复的实践过程中，掌握了自然之中的如节奏、韵律、比例等各种感性形式后转化为人所掌握的形式力量，从而产生美。自然的人化和人的自然化最终目的还是为了人。自然美的显现不是依靠外在强力，人对自然的实在感与和谐乃是自然而然地展现。

从日常生活的环境方面来看，居住环境建设要与自然环境浑然天成，使人感到与自然息息相通。因此，人与自然诗意和谐栖居地的建设显得十分必要。有了这份诗意后，生存变成了生活，生活又赋予了自然的社会生态之美。如马克思在《1844年经济学哲学手稿》一书中认为的那样，人与自然关系的失衡甚至剧烈对立是由于异化的人类社会造成的，归根到底是人与人关系的异化造成的。因此只有走向社会中的实践才能解决人与自然的关系、才能实现人类的诗意生存。人与人之间的和谐，使社会保持一种和谐有序的状态，这种行为规范和价值观念体系相对强制性和规范性地用于自然界，使其不仅包含道德的善而且包含生存的美，于是形成了自然的社会生态美。不仅要求社会生活中人与人的交往符合人类生存的目的，还要遵循自然固有的规律。

中国古代儒家思想中如"己所不欲，勿施于人"，"老吾老，以及人之老；幼吾幼，以及人之幼"等就体现社会生态之美的内容。自然的社会生态之美是在"自然—社会"层面上的主体间性关系，既在社会生活中体现生态关系，又在自然层面上体现社会伦理，不单是要站在他人的立场上感同身受，更重要的是强调实现自我意识与他我意识的统一。自我与他我的关系应该是一种自我与自我的关系。《礼记·礼运》云："大道之行也，天下为公。选贤与能，讲信修睦。故人不独亲其亲，不独子其子，使老有所终，状有所用，幼有所长。矜寡孤独废疾者，皆有所养。男有分，女有归。货恶其弃于地也，不必藏于己。力恶其不出于身也，不必为己。是故谋闭而不兴，盗窃乱贼而不作，故外户而不闭，是谓大同。"[①] 这里面达到的存在状态就具有社会生态美的蕴含，是一种社会生态的平衡美与和谐美。一个社会的动态有序的运动就需要建立一种社会交往的主体间性关系，以实现人在社会中的审美生存。

德国哲学家马丁·布伯认为社会生活中，人与人的关系应该是一种"我—

---

① 王文锦．礼记译解［M］．北京：中华书局，2001：287.

你”关系，而不是一种“我—他”关系，“我—他”关系是一种主体与客体的关系，“我—你”关系才是一种主体与主体的关系。[1] 哈贝马斯主张用交往理性取代工具理性，他认为工具理性是一种征服自然、控制社会的实体理性，调节的主要是系统或体系，而交往理性体现为主体间的非强制性协商和对话，它调节的主要是生活世界。生活世界是主体间交往的意义世界，交往主体在这个意义世界中形成群体的归属和认同，在交往中形成个体的同一性和社会的整体性。[2] 马丁·布伯对“我—你”关系的强调，哈贝马斯对生活世界的看法，都是社会生态美层面的讨论。

重信是社会生态之美的核心。“信”就是社会生态中族群之间、族群中个体之间的一种主体间性存在。“信”使得族群与族群之间、族群之中个体与个体之间的沟通和对话成为可能，“信”使得族群意识与他族意识、自我意识与他我意识之间的融合与统一成为可能。因为，“信”既是一种社会伦理观念，属于道德的范畴，是道德的善；又是一种社会生态理想，属于生态美的范畴，是人与人之间交往关系的美学原则，是一种人性美、人格美的展现，所以它是道德的善和生存的美的高度统一。“信”在调解人与人之间的关系方面起着非常重要的作用。“信”是日常生产生活中的重要内容，“信”的观念更是一种自然法则，它的约束力主要来自社会成员的内心，一种内在的信念，是个体自觉行为。与重信观念一致的是尚诚，“信”的含义就是言行一致、信守诺言、恪守约定，诚实、不欺诈、不虚妄。“信”标志着一种关系性的存在，既是一种普遍的伦理原则，又是一种普遍的美学原则。[3]

尽管在中西优秀的文化传统和美学传统中，都曾经把人与自然的和谐统一作为一种审美理想，但只有在人类文化深刻地反思基础上，才能对其美学价值产生深刻的理解。否则，人的栖居之地就无法成为具有诗意的花园，大自然也不会具有审美生存的社会性，它不仅是对人自身生命价值的体认，也不只是对外在自然美的发现，而且是体现在人与自然的生命关联和生命共感上。美存在于生命的过程之中，过去若干年的生命过程的和谐，强调的是过程而不是结果。说到底，美终究是人类文化，“作为一种文化生态美，首先是自己本身具有某种文化的根性、文化的潜质，是自身的文化潜质、根性得到自由展开、实

① ［德］马丁·布伯．陈维纲译．我与你［M］．北京：生活·读书·新知三联书店，1986：33.

② ［德］哈贝马斯．张博树译．交往与社会进化［M］．重庆：重庆出版社，1993：191.

③ 罗富明．异在与共生——生态审美视野中的瑶族文化［D］．南宁：广西民族大学硕士学位论文，2008：21～22.

现，形成自己特有的文化形态、文化表征，而这种文化形态又随着历史的推移不断得到生长、壮大，体现出生命所具有的鲜活状态，形成独特的文化生态景林”[①]。特有的文化形态又历史地生成人类各具特色的社会生态之美。

人与自然和谐共生所塑造的人的诗意栖居之美就是人类与其生存的自然环境“相互协调，相互促进所产生的美”[②]。在人与自然审美塑造中真正达到了生存和环境的同一、主体与客体的同一、必然与自由的同一。人与自然和谐共生所体验的自然的社会生态之美反映了主体内在与自然外在的和谐统一性，不仅是人类对自身生命价值的本体认识和对外在自然美的发现，而且是万物生命的共感与欢歌。

---

① 黄秉生．壮族文化根系与壮族文化生态美［J］．广西民族大学学报，2003（2）：81～103.

② 袁鼎生，黄秉生，黄理彪等．生态审美学［M］．北京：中国文史出版社，2002：127.

第三章 人与自然和谐共生的主体维度

从主体角度看，人与自然的和谐共生有两个方面的含义：一方面，人要尊重自然、适应自然、善待自然，促进自然生态的平衡与发展；另一方面，自然也要依从人、顺合人、服务人，向着有利于人的生存与完善的方向发展。二者只有相向而行，而不是背道而驰，才能和谐共生，相互促进。但在人与自然的关系中，人始终处于主导地位，实现人与自然和谐共生，关键在人。劳动、技术和社会关系，是人与自然相互联系、相互作用、相互促进的主要中介。生产劳动的科学化、科学技术的人性化、社会关系的合理化，是实现人与自然和谐共生的重要条件。

第一节 人与自然和谐共生是主体生存发展的内在要求

马克思在谈到人与动物的区别时曾经指出："动物只是按照它所属的那个种的尺度和需要来建造，而人却懂得按照任何一个种的尺度来进行生产，并且懂得怎样处处都把内在尺度运用到对象上去。"① 因为，人既是实践主体，又是价值主体。作为实践主体，人的活动必须遵循客体尺度，按照自然界的客观规律认识自然和改造自然，具有合规律性；作为价值主体，人的活动必须遵循主体尺度，根据人的需要，按照对人的生存发展有利的方向改造自然，具有合主体性。合规律性与合主体性是主体活动的双重特性②，也是人与自然和谐共生对主体的要求。

① 马克思恩格斯全集·第42卷［M］．北京：人民出版社，1979：97.

② 赵理文．历史发展之谜与马克思主义的科学解答［M］．南宁：广西人民出版社，1999：96～98.

一、客体尺度与人与自然的和谐共生

在人与自然的关系中，人与动物一样，必须适应自己生活于其中的周围自然界。但二者又有本质的不同。动物对自然的适应是被动的，它只能通过自身的本能活动消极地适应周围自然界的变化，而人则是通过改变自然界来适应自然界，实现人与自然的和谐共生。

但是，自然界中的事物都是不以人的意志为转移的客观存在，其存在和发展变化有自身固有的客观规律性，人们要想取得改造自然的成功，就必须遵循客体尺度。所谓客体尺度就是客体的性质、本质和规律。主体只有按照客体的本来面目认识客体，遵循客体的属性、本质和规律改造客体，才能取得实践的成功，达到预期的目的。这就是我们所说的主体活动的合规律性。

合规律性是主体活动的内在规定，也是人与自然和谐共生的本质要求。首先，它要求主体必须尊重自然、顺应自然，按照客观世界的本来面目认识世界，了解客体对象的状况和属性、本质和结构，作为行动的基础和前提。其次，它要求主体必须“按照任何物种的尺度来进行生产”，即按照客观世界的本来面目来改造世界，合乎规律地“调整和控制人和自然之间的物质变换”。换句话说，人们在自己的生产活动中，能够充分考虑客观条件和客观规律的制约，按照客体对象的属性和规律进行生产。作为一种自然存在物，人与动物一样时时刻刻都在与自然界进行物质、能量和信息的交换，不同的是，动物与自然的物质、能量和信息交换是本能地进行的，人与自然界的物质、能量、信息交换是在人的“调整”和“控制”下合乎规律地进行的。这种交换只有尊重自然、合乎规律，才能持续有效地进行，实现人与自然的协调与和谐，保证人类的持续发展。从这个意义上讲，人与自然和谐共生是一种“从他关系”。

二、主体尺度与人与自然的和谐共生

人不是一般的自然存在物，而是有意识的、自觉能动的自然存在物。作为自觉能动的自然存在物，人的任何活动都是有意识有目的地进行的。活动是否有目的，是人与动物的本质区别之一。马克思曾经以人与蜜蜂为例说明人与动物的区别。“最蹩脚的建筑师从一开始就比最灵巧的蜜蜂高明的地方，是他在用蜂蜡建筑蜂房以前，已经在自己的头脑中把它建成了。劳动过程结束时得到的结果，在这个过程开始时就已经在劳动者的想象中存在着，即已经观念地存在着。他不仅使自然物发生形式变化，同时他还在自然物中实现自己的目的，这个目的是他所知道的，是作为规律决定着他的活动的方式和方法的，他必须使他的意志服从这个目的。”① “活劳动通过把自己实现在材料中而改变材料本身——这种改变是由劳动的目的和劳动的有目的的活动决定的……材料在一定形式中保存下来，物质的形式变换服从于劳动的目的。”②

作为能动的自然存在物，人又是一种价值存在物和价值主体。作为价值主体，人的一切活动都是从自身的需要和利益出发的。主体需要成为评判自然价值的起点和归宿，因而也成为审视人与自然关系的基本尺度，即“主体尺度”。在人看来，自己是世界上一切事物的价值和意义的确定者，自然的价值和意义，就是为人的生存和发展提供物质条件。从这个意义上讲，自然物是“为我的存在”，人与自然的关系是“为我的关系”，二者都必须有利于而不是有害于人的生存和发展，即具有合主体性。人类生产活动的目的，就是按照对自己有用的方式来改变自然物质的形态，使之成为适合人类不断更新着的需要的具有新用途的新形式，变得日益合乎人的生存和发展，从而使自然跟人的关系处于动态的平衡与和谐中。如果在实践中出现了不和谐的现象和情况，主体就会主动调整和矫正自己的活动，避免出现不利于人的生存发展的结果。人类发挥其主体性的目的就是要维持自己的生存和发展，在实际活动中人确实也是从这种价值要求出发去规范和发挥其主体性的，并且在多数情况下都达到了这种目的。但是不可否认，尽管在实践中人是自觉按照自己的价值需要去发挥主体性的，并不期望这种发挥给自己带来不利后果，然而有时事与愿违，主体性运用发挥的实际后果，往往这样那样地，或大或小地、或迟或早地会造成某些负面效应，无法实现“合主体性”。生态破坏所引起的负效应就是不合主体性的。

需要指出的是，合规律与合主体是辩证统一的，缺一不可。只合主体，或只合规律，都不会有和谐，因而都不是人所需要的。仅合规律不合主体，对人的生存发展没有任何意义；仅合主体不合规律，为了一己之私或暂时的利益肆意掠夺自然，会破坏人与自然之间的原有平衡，阻碍人与自然之间的应然和谐。社会上一些集团、个人只替自己眼前打算，不替子孙后代长远打算；只顾自身利益，不顾人类全体利益，为了达到自己的目的而肆无忌惮地或围湖造田、乱挖滥采，或涸泽而渔、焚林而猎，这样的合主体的实现过程，到最后的结果终究是出现不和谐的状况。因此，合主体是有约束、有节制、有规范的，

① 马克思恩格斯选集·第2卷［M］．北京：人民出版社，1995：178.

② 马克思恩格斯全集·第46卷（上）［M］．北京：人民出版社，1979：331.

当人们在运用物质力量和物质手段作用于客体实现自己目的时，还必须遵循客观规律而选择适当的式样和方法，必须避免不合规律的行为，这样才会有人与自然的和谐。

第二节 人与自然和谐共生关键在人

工业文明时代，人类在创造出巨大物质财富的同时，也加剧了环境问题的产生。有资料显示，在约200年的时间内，工业生产方式对自然界造成的破坏，已经超过人类历史200余万年的总和。[①] 人与自然的不和谐最终会转化为人与人之间乃至人与社会之间的矛盾或冲突，如一些地方在水资源和矿产资源等问题上发生的纠纷，一些地方因环境污染而引起的冲突，都已经成了严重的社会问题。反过来，人与人之间利益矛盾的不和谐又导致人与自然的不和谐，如为了争夺原材料市场引发的世界大战对于核武器的运用造成的核污染现状及其隐患，已经构成了人与自然不和谐的威胁因素。所以，调节人与自然的关系是朝向还是背离和谐共生的方向，这取决于主体与主体间的利益关系，即是说，人与自然和谐共生的关键在于人、取决于人与人的和谐。控制自然的关键在于控制人，这集中表现在控制人与自然联系的中介上。

一、人与自然联系的中介

"劳动"起初仅是人类出于求生本能的需要。作为人的本质特征的"劳动"及其他社会属性都应该建立在人的生物学属性之上。在劳动的过程中，人类为了适应新环境而发明了新的行为形式——"技术"，最终成为人与自然进行沟通的工具性媒介。在本能性适应与技术性适应自然环境的过程中发生的人与人之间的交往行为，反映出人与人之间的社会关系，这种主体与主体之间的关系成了现实中主客体关系的中介。

（一）劳动实践是人与自然联系的根本中介

人既是自然之子，又能使自然发生变化，而自然又使人多方面地变化，二

① 郭艳华．走向生态文明［M］．北京：中国社会出版社，2004：25～28.

者相互作用。那么究竟是通过何种中介物实现着人与自然之间的物质变换和发生着这种相互作用的呢？毫无疑问是劳动。正如马克思所说："劳动首先是人与自然之间的过程，是人以自身的活动来引起、调整和控制人和自然之间的物质变换的过程。人自身作为一种自然力与自然物质相对立。为了在对自身生活有用的形式上占有自然物资，人就使他身上的自然力——臂和腿、头和手运动起来。"① 在马克思看来，"把人的自然与外部自然连接、结合起来的是活动即生产劳动。生产劳动有意识的改造自然，变革自然，把自然变成人化的自然"②。从根本上说，人是通过劳动实践占有自然界的——人通过劳动不断改造、支配自然界，使自然界深深地打上人类的烙印。同时，人类"所处的自然环境的变化，促使他们自己的需要、能力、劳动资料和劳动方式趋于多样化"③。人与自然联系的中介既是劳动实践，那么它又因何具有根本性呢？

首先，因为劳动实践在人及其人类社会的起源和进化中发挥着根本性作用。没有劳动就没有语言的出现，没有劳动和语言就没有高度发展的人脑和人类思维及其人类社会。恩格斯在《劳动在从猿到人转变过程中的作用》一文里结合达尔文的进化论思想，以一个唯物主义者的立场，论证了"劳动创造了人本身"④ 的核心观点。古猿从森林高处下到地面后，因为使用天然工具进行劳动，促使猿从身体结构、生理功能方面发展为人，所以说劳动是"把人从其余的动物中提升出来"的以制造和使用工具为首要标志的物质性实践活动，"是专属于人的"⑤，"是人同其他动物的最终的本质的差别"⑥，其他动物没有也不可能有。而且，人的进化和动物的进化虽然在遵循自然法则的选择方面没有什么本质的区别，都在于不定变异（突变），但人的进化和发展在劳动实践的作用下才更有别于动物的本能性和自发性而呈现出积极性和能动性，才更凸显生物进化中重要的选择和突变机制，或者说人类的所有发展都是在劳动"规定"的方向进行的。而正是无所不在的人化的劳动造就了人类个体和群体的行为中"类"的特性。所以，劳动无疑是人类社会生存和发展的"第一个基本条件"。而人类社会并不等同于一般的生物社会，它有着十分丰富的文化即人化内容，人也是高度社会化的动物。屡经发现的"狼孩"的例子证明，完全脱离了社会

---

① 马克思恩格斯全集·第23卷［M］．北京：人民出版社，1972：201～202.
② ［日］岩佐茂．韩立新等译．环境的思想［M］．北京：中央编译出版社，1997：116～117.
③ 马克思恩格斯全集·第23卷［M］．北京：人民出版社，1972：561.
④ 马克思恩格斯全集·第20卷［M］．北京：人民出版社，1971：509.
⑤ 马克思恩格斯全集·第23卷［M］．北京：人民出版社，1972：202.
⑥ 马克思恩格斯选集·第4卷［M］．北京：人民出版社，1995：383.

的人是不能发展成为真正意义上的人的。

其次，因为劳动实践在人和自然的现实与现实的人和自然中构成了根本性的前提。劳动是人类实践活动的基本特征，劳动中的物质生产劳动构成了实践的基本内核，是实践中基础的根本的部分。劳动实践是人和自然的现实的本质，是人自身社会历史实践活动的自为的规定，这造就了现实的人和自然，成为联结人与自然双方的纽带。“人们为了能够‘创造历史’，必须能够生活。但是为了生活，首先就需要吃喝住穿以及其他一些东西。因此第一个历史活动就是生产满足这些需要的资料，即生产物质生活本身。”① 生产劳动是实践活动的基础。对劳动实践特别是物质生产劳动的揭示说明了唯物主义历史观与唯心主义历史观的区别。唯物主义历史观“和唯心主义历史观不同，它不是在每个时代中寻找某种范畴，而是始终站在现实历史的基础上，不是从观念出发来解释实践，而是从物质实践出发来解释观念的形成”②，是“从直接生活的物质生产出发来考察现实的生产过程，并把与该生产方式相联系的、它所产生的交往方式，即各个不同阶段上的市民社会，理解为整个历史的基础；然后必须在国家生活的范围内描述市民社会的活动，同时从市民社会出发来阐明各种不同的理论产物和意识形式，如宗教、哲学、道德等”③。因此，“任何物种的本质在于其生命的本质，而人作为一个物种的生命本质就是他的生产性，意即人是一种将自己的生命本身作为对象来加以生产的存在物，劳动就是这种生产生命的活动；既然如此，劳动就理应成为它自己的目的，成为生命本身的目的，而不应成为达到其他目的的手段，包括不应成为资本家增殖资本的手段和工人活命的手段”④。现实的人和自然不是先在的，并不是没有经过人的对象化活动状态下的原初的自然，也不是纯粹内在的意识去把外部现实事物当作自己的对象的人，而就是人们的现实生活过程本身，“全部社会生活在本质上是实践的。凡是把理论引向神秘主义的神秘东西，都能在人的实践中以及对这个实践的理解中得到合理的解决”⑤。在价值观意义上，劳动实践成了自为目的的活动，意识在劳动过程中为劳动自身提供了动力和方向。确认劳动是基础，我们也就同时确认了意识的存在，劳动过程结束时得到的结果，在这个过程开始时就已经在

---

① 马克思恩格斯选集·第1卷［M］．北京：人民出版社，1995：79.

② 马克思恩格斯选集·第1卷［M］．北京：人民出版社，1995：92.

③ 马克思恩格斯选集·第1卷［M］．北京：人民出版社，1972：43.

④ 徐长福．劳动的实践化和实践的生产化——从亚里士多德传统解读马克思的实践概念［J］．学术研究，2003（11）：47～54.

⑤ 马克思恩格斯选集·第1卷［M］．北京：人民出版社，1995：56.

劳动者的表象中存在着，于是，劳动实践被提升为人类社会或社会化的人类的属性。这充分说明劳动实践不仅构成了使客观世界进入人类社会历史领域的前提和基础以及人的本质力量对象化的基础，也使人的本质力量通过这一前提和基础对象化于自然，并在展开自己的历史的同时对自己的存在进行着自我确证。也就是说人是在劳动实践的基础上展开其历史发展进程，并在其中逐步获得自己的完整的意义的，而劳动实践也在这一展开过程中造就了社会化的现实的人类与自然界的思想。

手段性的、工具性的劳动实践改变了自然世界，它不仅生产出了不断增长的物质财富，而且生产出了新的生活和新的社会关系以及新的自然及其与人的关系。所以，人与自然的现实性统一是通过人的劳动实践而形成的整体性存在。那么，和谐共生的人与自然的关系也就可以通过现实的、历史的人的实践活动得以实现。在从农业社会到工业社会、从工业社会到信息社会的历史进程中不断地实现着人类自身生存方式的革命的人类及其蕴藏在实践之中的人类社会历史也展示着以人的本质的发展为标志的人的解放。而人类技术进步基础上的劳动实践更是使人与自然最终实现一体化并最终使人从自然必然性中获得解放与自由的主要途径。

（二）技术工具是人与自然联系的直接中介

在德国古典哲学家中，康德从纯主观的解释出发理解技术的本质，认为技术属主体范畴，是人的一种艺术创造力和判断力，“是一种天赋的才能，是一种天生的心灵禀赋（天生才能）”[①]。黑格尔则把技术看作主体作用于客体并实现主体与客体结合的手段。对这些思想的正误姑且不论，单从让我们以此改变了理解技术的本质的角度便可以悟到，人与自然发生联系的中介直接地体现在技术工具身上。

技术本身就是人与环境、主观性的东西和客观性的东西的统一体。其一，人类存在的本质是超越，能超越环境也能超越自身。这种超越是符合辩证法的，既是内在性的，又是超越性的，内在性与超越性同时存在。自由、自律都建立在这种超越的基础上。没有超越，也就不可能有理性和对环境的客观性认识。理性不仅存在于技术外部，而且进入技术内部。理性进入技术之中，将其作为手段，使人达到真正的自律性的自由。其二，技术作为媒介，不仅是客观

---

① 转引自蒋孔阳．德国古典美学［M］．北京：商务印书馆，1984：102.

性的东西，而且是兼具主观的客观性的东西。比如工具作为主体之外的独立存在当然是客观性的东西，但工具来自于技术性的制造过程，也就成为兼具主观性和客观性的东西。其三，技术作为行为性的东西，不仅是主观性的东西，而且是兼具客观的主观性的东西。技术作为行为，必须以人的意志为基础，没有人的愿望就没有技术，所以，技术中包含较多的是主观性的东西，是人的愿望或意志。但是，技术不单纯是主观性的东西、自由的东西，并不能满足纯粹主观性的、随意性的目的。纯粹随意性的目的，将被自然规律所否定，所以目的还必须具有某种客观性。从作用于环境的角度来看，技术必然要受客观性东西的制约，那么技术又是机械性、必然性、客观性的东西，不是自由的。如此看来，技术是主观性的东西与客观性的东西、必然的东西与自由的东西的统一，是必然性的自然规律的世界和自由的人格的世界的统一。其四，在技术中，客观性的东西被主观化，主观性的东西被客观化，以此达到主体与客体、人与环境之间的平衡。“技术”既不是单纯道德的信念，也不是单纯客观的运动，而是主体与客体结合进行的创造活动。

首先，从技术工具的产生来看，它是一切人都想根据自然知命并在自然那里获得主观性目的的产物。作为工具、手段的总和乃至体系的技术并非只有工具这一个要素，它的本质意味着生产，是创造性的生产技术；而工具作为技术性行为的一个组成要素，是主体对客体的一切制造物的制作活动，即改变物的旧形而制造出新的形。“自然界没有制造出任何机器，没有制造出机车、铁路、电报、走锭精纺机等。它们是人类劳动的产物，是变成了人类意志驾驭自然的器官或人类在自然界活动的器官的自然物质。它们是人类的手创造出来的人类头脑的器官；是物化的知识力量。固定资本的发展表明，一般社会知识，已经在多么大的程度上变成了直接的生产力，从而社会生活过程的条件本身在多么大的程度上受到一般智力的控制并按照这种智力得到改造。它表明，社会生产力已经在多么大的程度上，不仅以知识的形式，而且作为社会实践的直接器官，作为实际生活过程的直接器官被生产出来。”[①] 技术“是劳动者置于自己和劳动对象之间，用来把自己活动传导到劳动对象上去的物或物的综合体。劳动者利用物的机械的、物理的和化学的属性以便把这些当作发挥力量的手段，依照自己的目的作用于其他的物”[②]。技术原本就是新的行为形式的发明，是人为

① 马克思恩格斯全集·第46卷（下）[M]．北京：人民出版社，1980：219～220.

② 马克思恩格斯全集·第23卷[M]．北京：人民出版社，1972：203.

了适应新环境而发明的新的行为形式。因为人的反射性或本能性的适应是有一定界限的，环境发生变化后，当本能不能适应变化了的新环境时，就需要发明一种能够适应新环境的新的行为形式，于是技术产生。[①] 这样的新形式，不是纯客观的，而是客观的东西与主观的东西的统一，是时间与空间、存在与生成、理念与实存的统一。

其次，从技术工具的功效来看，它具合目的性、合规律性的职能，也就是说人的主观性（目的）和自然的客观性（规律）统一于技术活动中。说技术工具是人与自然联系的直接中介，就是说技术工具在人与自然发生联系的过程中起着直接性的中介作用。马克思指出："劳动资料的使用和创造，虽然就其萌芽状态来说已为某几种动物所固有，但是这毕竟是人类劳动过程独有的特征。"所以富兰克林给人下的定义是："a tool making animal，即制造工具的动物。"[②] 恩格斯强调："摩擦生火第一次使人支配了一种自然力，从而最终把人同动物界分开。"[③] 人从事制造活动的最原始的工具——手既是人与自然发生关联的直接性中介又是人与自然联系的直接性成果。18 世纪的工业革命是从工具机开始的，工具机的出现意味着机器代替了人的手和脚等器官或手工工具而对劳动对象（自然）进行直接性的自动接触和操作。工具机的进一步应用要求用风、水等自然的力来补充发挥着自身纯机械动力的人的力，这就势必推动机器工具的发明和改进。于是，蒸汽机作为工具机的动力新途径出现了，从而使单个的工具机"就降为机器生产的一个简单要素了。现在，一台发动机可以同时推动许多工作机。随着同时被推动的工作机数量的增加，发动机也在增大，传动机构也跟着扩展成为一个庞大的装置"[④]。并且，"随着工具机摆脱掉最初曾支配它的构造的手工业形式而获得仅由其力学任务决定的自由形式，工具机的各个组成部分日益复杂、多样并具有日益严格的规则性；自动体系日益发展；难于加工的材料日益不可避免地被应用，例如以铁代替木材……要解决这些问题到处都碰到人身的限制"[⑤]。就这样，制造机器的机器——机床应运而生了，机器制造机器的工具理性时代也便到来了。马克思曾说："各种经济时代的区别，不在于生产什么，而在于怎样生产，用什么劳动资料生产。"[⑥] 这里的"怎样生

---

① ［日］三木清．技术哲学［M］．东京：岩波书店，1942：2.
② 马克思恩格斯全集·第 23 卷［M］．北京：人民出版社，1972：204.
③ 马克思恩格斯全集·第 20 卷［M］．北京：人民出版社，1971：126.
④ 马克思恩格斯全集·第 23 卷［M］．北京：人民出版社，1972：415.
⑤ 马克思恩格斯全集·第 23 卷［M］．北京：人民出版社，1972：420.
⑥ 马克思恩格斯全集·第 23 卷［M］．北京：人民出版社，1972：204.

产”就是指技术性的行为，“用什么劳动资料生产”就是指是否是经过技术加工的劳动资料形式。对此，马克思进一步指出：“当劳动资料取得机器这种物质存在方式时，要求以自然力代替人力，以自觉应用自然科学来代替从经验中提出的成规。”①

那么，技术究竟如何在人与自然关系方面发挥它直接性的中介作用的呢？

第一，技术由完善人类自身的自然而发挥中介作用。人之为人就是由于人在与自然打交道的过程中所表现的制造工具的能力，人类通过技术性工具从自然界中获取生存条件，提高自己的衣、食、住、行、用等的物质生活质量。人本身就是技术性的生存和完善。恩格斯分析过原始技术在人的物质生活中的作用，食用方面“最古老的工具是些什么东西呢？是打猎的工具和捕鱼的工具，而前者同时又是武器。但是打猎和捕鱼的前提，是从只吃植物转变到同时也吃肉，而这又是转变到人的重要一步。肉类食物几乎是现成地包含着为身体新陈代谢所必需的最重要的材料；它缩短了消化过程以及身体内其他植物性的即与植物生活相适应的过程的时间，因此赢得了更多的时间、更多的材料和更多的精力来过真正动物的生活……肉类食物引起了两种新的有决定意义的进步，即火的使用和动物的驯养，前者更加缩短了消化过程，因为它为口提供了可说是已经半消化了的食物；后者使肉类食物更加丰富起来，因为它和打猎一起开辟了新的更经常的食物来源，除此以外还供给了就养分来说至少和肉相等的像牛乳及乳制品一类的新的食物”②。

第二，技术由摆脱人类原始的野蛮而发挥中介作用。自然通过技术被人类更加深入地了解其规律性，“结束了人对自然界的幼稚态度和其他的幼稚行为”③。马克思把技术看作是精神文明传播和促进人类精神文明发展的有力手段，并指出，印刷术“成了新教的工具，总的来说变成了科学复兴的手段，变成对精神发展创造必要前提的最强大的杠杆”④。可见，技术是智慧的象征，也是人运用自然力的独特能力的表现。人的这种能力，来自于技术“让人和存在只在技术可用性方面相遇的强求”⑤。任何具体的技术在“可用性方面”都是有缺陷的，而这类缺陷都是需要克服的，所以“技术可用性”在最终指向上是

① 马克思恩格斯全集·第23卷［M］．北京：人民出版社，1972：423．

② 马克思恩格斯全集·第20卷［M］．北京：人民出版社，1971：515．

③ 马克思恩格斯全集·第7卷［M］．北京：人民出版社，1959：241．

④ 马克思．机器、自然力和科学的应用［M］．北京：人民出版社，1978：67．

⑤ ［德］冈特·绍伊博尔德．宋祖良译．海德格尔分析新时代的技术［M］．北京：中国社会科学出版社，1998：79．

“无缺陷”。由于技术这种在“可用性方面”必须从“有缺陷”走向“无缺陷”的特性，就“强求”了人不断在反思中否定并发展“有缺陷”的技术。一方面，说明了技术离不开人的把握；另一方面，揭示了人通过技术扩大对自然的视域而挣脱自然桎梏的过程。

自然作为技术的对象，先于技术而在。技术的路径方向，就只能是以作为对象的先在的自然物或者自然的客观规律性为规定。技术的职能就在于，它一方面把人的目的辗转迁移至自然界，使自然的规定性按照人的需要发生变化。同时，它又将自然改造了的信息传递给人类的物质和精神生活，使人类不断从愚昧走向文明。因此，从根本上说，技术作为主体对客体的一切制作活动和人类文化形成过程的全部内容，是直接地联系着人与自然的中介。

（三）社会关系是人与自然联系的现实中介

人与自然发生联系无非造成两种结果：自然被人化和人被自然化。就人占有自然来说，不管处于什么社会形态下“都是个人在一定的社会形式中并借这种社会形式而进行的对自然的占有”[①]。同时，人类在占有自然物质的过程中，又建立了人与人之间的关系。而“人的本质并不是单个人所固有的抽象物，在现实性上，它是一切社会关系的总和”[②]。因此，正是在这一意义上，“生产的承担者对自然的关系”和“它们之间的关系”相互渗透，人与自然联系在现实性上是被社会关系所中介的。

“在现实性上”是对“社会关系”这一媒介具有限定意义的。所谓“在现实性上”，广义上说是指人的具体的历史条件下存在的外部表现形式或客体化表现形式，狭义上说就是指人从事着实际的活动并为人所直接感受着、理解着的生活。从人化的自然来看，自在自然通过科学被人类不断转化为人化自然。人改变了的自然界是社会关系下的自然界，成为对人存在的自然界，成为人的生活的本质和力量，成为人的生活方式，“自然界的社会的现实和属人的自然科学，或关于人的自然科学，都说的是同一个东西”[③]。自从有了人，自然界在很大程度上就不再是纯粹的自然界，或者说就不再是与人无关的自在的存在，而是同人的实践活动紧密相连的为人的自然，人化的自然，向人生成的自然，亦即人类学意义上的自然。从自然化的人来看，人是通过劳动来满足自己对自

① 马克思恩格斯全集·第46卷（上）［M］．北京：人民出版社，1979：24.

② 马克思恩格斯选集·第1卷［M］．北京：人民出版社，1995：60.

③ 马克思．1844年经济学哲学手稿［M］．北京：人民出版社，1979：82.

然的需求，而技术性劳动实践必须在结成一定的社会关系中进行，人是在一定的社会关系下“通过自己的活动按照对自己有用的方式来改变自然物质的形态”[①]，使自身和自然统一，达到自然化。人的自然化意味人的归宿，最终是要归结为自然物质的。正如施密特认为：“劳动过程嵌入伟大的自然过程之中。自然，它作为社会和社会每度占有的那部分自然的高度统一。最后，又战胜人的一切干扰而自我保持，被人渗透了的自然物质又再度沉入自然的最初的直接性中去。”[②] 作为人与自然中介的劳动实践也好，技术工具也罢，虽然是使人与自然发生了联系，但是当“他不同别人发生关系，他就不能达到他的全部目的。因此，其他人便成为具有特殊目的的人达到目的的手段。但特殊目的通过同他人的关系，就取得了普遍的形式，并且在满足他人福利的同时满足了自己”[③]。社会关系是由人们创造出来的，是人相对于自然、根据自身需要所发生的人与人之间的关系。而我们所关注的自然是与人发生相互作用、与人们生活朝夕相关的存在于人类实践和社会条件之下的自然，不是抽象的、与人无关的自然。离开了社会关系，自然就不是现实的自然，人也不成其为现实的人。马克思指出：“只有在社会中，自然界才对人说来是人与人间联系的纽带，才对别人说来是他的存在和对他说来是别人的存在，才是属人的现实的生命要素；只有在社会中，自然界才表现为他自己的属人的存在的基础。只有在社会中，人的自然的存在才成为人的属人的存在，而自然界对人说来才成为人。”[④]

从“现实性”出发，只有通过人与人的社会关系，才能发生人与自然的关系。人与自然的关系和人与人的关系只有在理论上、逻辑上才可以分离，现实中是交织在一起的。在这两个方面，现实的客观存在与人的把握是不同的，虽然并不是只要从现实存在出发就能够理解现实，但人与自然发生联系的需求是通过社会关系的媒介表现出来的。在人同自然的物质变换中，“为了进行生产，人们便发生一定的联系和关系；只有在这些社会联系和社会关系的范围内，才会有他们对自然界的关系，才会有生产”[⑤]。也就是说，在实践的基础上，通过人积极性、能动性、创造性的活动，人与自然的关系具有“社会—历史”性质，自然进入了社会历史领域，因此，个人的物质生活即人与自然的物质交换

---

① 马克思恩格斯全集·第23卷［M］．北京：人民出版社，1972：87.

② ［德］施密特．欧力同，吴仲译．马克思的自然概念［M］．北京：商务印书馆，1988：89.

③ ［德］黑格尔．范扬，张企泰译．法哲学原理［M］．北京：商务印书馆，1961：197.

④ 马克思．1844年经济学哲学手稿［M］．北京：人民出版社，1979：75.

⑤ 马克思恩格斯全集·第6卷［M］．北京：人民出版社，1961：486.

关系只有在人与人的社会关系——即马克思所说的“市民社会”中才能全面展现。这便是社会关系作为人与自然联系中介的现实性。

人、自然、社会三者是统一的。“社会是人同自然界的完成了的本质的统一”，只有在社会关系中，人才能真正把握自然和自身，才能真正把握人与自然的关系。“自然界的人的本质只有对社会的人来说才是存在的；因为只有在社会中，自然界对人来说才是人与人联系的纽带，才是他为别人的存在和别人为他的存在，只有在社会中，自然界才是人自己的人的存在的基础，才是人的现实的生活要素。只有在社会中，人的自然的存在对他来说才是自己的人的存在，并且自然界对他来说才成为人。因此，社会是人同自然界的完成了的、本质的统一，是自然界的真正复活，是人的实现了的自然主义和自然界的实现了的人本主义。”[①] 说社会是自然界的真正复活并不是说人与自然关系一劳永逸地在一种社会关系的中介下存在，而是说任何社会关系中介下的现实存在状态都是自然界的人的本质在社会的实现。当然，人对自然的关注和把握归根结底是出于对自身的关注。人与自然的关系归根结底也要通过人与人之间的关系发生和厘清。马克思指出：“经济学家普鲁东先生非常明白，人们是在一定的生产关系中制造呢绒、麻布和丝织品的。但是他不明白，这些一定的社会关系同麻布、亚麻等一样，也是人们生产出来的。社会关系和生产力密切相连。随着新生产力的获得，人们改变自己的生产方式，随着生产方式即谋生的方式的改变，人们也就会改变自己的一切社会关系。手推磨产生的是封建主的社会，蒸汽磨产生的是工业资本家的社会。”[②] 这也正如施密特所言：“在以农业的方式占有自然时，自然完全是不依赖于人的，人和自然是抽象同一的，从某种意义上说，人淹没在自然的存在里。与此相反，由于人使自然转化为一个机械的世界，如果全面地从技术上、经济上以及科学上支配自然得以成功的话，自然就凝固为一个抽象的、对于人是外在的自在了。”[③]

社会是人与自然之间和人与人之间双重关系的统一体，从这个意义上讲，“自然是一个社会的范畴，即在社会发展的一定阶段上，什么可以看成是自然呢？自然对人的关系究竟是怎样的？人和自然的分离又是在怎样的形式上展开的呢？从而，从自然的形式与内容、范围与对象性来看，自然应意味着什么

---

① 马克思．1844 年经济学哲学手稿［M］．北京：人民出版社，1979：75.

② 马克思恩格斯选集・第 1 卷［M］．北京：人民出版社，1995：141～142.

③ 施密特．马克思的自然概念［M］．北京：商务印书馆，1988：83.

呢？这一切总是受社会制约的”[①]。人与自然的关系是自身自然与自在自然这两种自然的关系，而这两种自然都存在于社会中，社会既是人化自然的存在，也是自在自然的存在。从社会关系的现实过程来说，意识作为人的类本质的存在，只有在社会关系中，才会成为人的本质力量。所以，人的本质“在其现实性上”与人与自然联系的“本质的现实”实质上是等同的，或者说，人同自然界的关系现实地就是人与人的关系。这便是强调了人和自然之间以社会关系为中介的高度的统一。

二、主体在人与自然和谐共生中的关键作用

在人与自然的和谐共生中，主体的关键作用突出表现在他对二者联系的中介的操控上。环境的破坏是劳动的不当运用造成的，要让劳动产生人与自然和谐共生的良好结果，就必须实现劳动的科学化。技术本身是中性的，但是它的实际应用则有好坏之分，要使技术始终造福于人类而不是危害人类，就必须使其应用人性化。社会关系在人与自然物质变换中的中介作用，决定了人与自然的和谐共生必须有一个好的制度安排，实现社会制度的合理化。

（一）生产劳动的科学化

生产劳动科学化的最基本特征是合规律性与合主体性的有机统一。首先，劳动作为“制造使用价值的有目的活动，是为了人类的需要而对自然物的占有”[②]，其功能是将自然物改造成适合人类需要的劳动产品，赋予其满足人类需要的新形式，因而具有合主体性；其次，劳动作为客观的物质活动，其对自然物的改造必须遵循自然物本身的性质和规律，具有合规律性。只有既合乎人的生存发展需要又合乎规律的生产活动，才是科学劳动；只有科学劳动才能在人与自然之间建立和谐友好的关系，促进二者的共生共荣与和谐发展。

实现人与自然的和谐共生，必须在人与自然的价值交换过程中坚持等价交换原则。“所谓人与自然之间的等价交换指的是人在实践活动中所消耗的自然价值量应在人的实践活动过程中得到同等量的可以是不同形式的价值量的补偿。”[③] 在体现自然价值的过程中，如果自然的人化速度大于人的自然化速度，并且有科学技术的帮忙使得人的自然化能力又不适当地加以利用的

---

① ［匈］卢卡奇．张西平译．历史和阶级意识［M］．重庆：重庆出版社，1989：156.

② 马克思恩格斯选集·第2卷［M］．北京：人民出版社，1995：181.

③ 曹山河．论自然价值规律［J］．求索，1994（6）：61～66.

话，那么人干预自然界的程度就超出了自然的承受范围以及人自身的能力之外，长此以往，人与自然之间的物质代谢就越发不均衡。于是，人类就需要在劳动实践中维持与自然的等价交换，并在交换过程中具备一颗等价原则的责任心，这不仅是每个公民的责任，每个企业的责任，更是整个社会的责任。

等价交换的实现主要有以下三条途径[①]：第一，自然价值量的直接补充；第二，恒定性资源价值量的长期稳定；第三，自然价值利用率的强化提高。对于某些可更新性资源，改善其生存环境和生长条件，使之不断繁衍、生长，其数量上就可进行直接补充而不断增多。对于许多恒定性资源，如水、大气等，其生成、存在都是有特定条件的，保护好恒定资源的存在条件，其有用性就不会消退。另外，随着人的认识和实践的不断进步，许多新的自然价值不断为人所认识和利用。比如，铀、钍等核物质的崭新属性和功能的新发现，利用它得到了原子能并开发研制人类理想的、清洁的又取之不尽的核聚变能，这项技术如果试制成功，铀、钍等核矿物质的能源价值将逐渐地取代煤、石油等的价值。新能源的发现和利用不仅在数量上对自然价值量予以了补充，还可以避免旧能源应用中出现的环境污染。对于煤、石油等同一自然之物的利用，在不同的技术手段等条件下，其价值的利用效率也是不同的。1869 年，法国里诺发明的内燃机利用煤、汽油等燃料的热量仅 4%；1876 年，德国奥托的内燃机达 12%～14%；1939 年，法国霍兹华尔斯的内燃机达 20%，到了现在热效率达到了30%～40%，特别是现在采用磁流体发电技术，用煤直接燃烧（先除去氮、硫等杂质），把高温燃气（1000℃左右）垂直进入强磁场，使其产生电流，这种发电方式使煤的利用率达到 50%～80%，这样不仅大大提高了煤炭资源的利用率，而且减少了污染。总之，无论是开发新能源还是利用旧能源，在这个过程中都需要负有一颗与自然等价交换的责任心，并利用技术手段使这种等价交换保持长期稳定。让个体在其中既满足自己的需要又不损害生态系统地同自然和谐一致、平等交往的责任人人须有。

（二）科学技术的人性化

科学技术是人类认识世界的积极成果和改造世界的重要手段，大到推进人类社会飞速进步小到提高人们生活质量方面都显示出了它的重要性，但科技并

---

① 曹山河．论自然价值规律［J］．求索，1994（6）：61～66.

不都造福人类，在其高速发展过程中也产生了某些负面作用，甚至成为能够毁灭人类自身的手段。这种从天使到魔鬼的变化，提醒人类应该正视科学技术的双刃剑效应。在科技发明的应用上，无不隐含利与弊的双重性。在中国发展了50年的IT技术，所产生的高科技伤害，已呈现在我们的生活中。如：手机的发明无疑给这个瞬息万变的信息社会带来了更多便捷，但其无线电波辐射又会对人体造成某种程度的伤害。虽然人类创造科技的目的原本是要改善人们的生活，但其结果则是产生某种副作用，科技产品本身都变成了一种异己的存在物威胁着人们的生存与健康。简言之，这就是所谓的“科技异化”现象。从人与自然的角度看，现代科学技术得到了突飞猛进的发展，由此而带来的人对自然界的干涉能力也大大提高，科技异化的突出表现便是全球性的环境问题。正如有的学者所指出的，借助于科学技术，“文明人跨过地球表面，在他们的足迹所过之处留下一片荒漠”①。

更进一步讲，人的科学技术创造反而奴役了人。科学技术是人的精神劳动成果，也是人的本质力量和主体性的突出表现。自从科学技术问世以后，它就成为人类认识世界、改造世界和维持自己的主体性地位及其生存发展的重要手段。人类社会的每一次重大的发展进步，其中都有科学技术的一份功劳，可以说，没有科学技术的发展，就没有人类社会的进步。但是另一方面，科学技术在发生效应的同时，也对人和人类社会的发展带来某些负面效应。其主要表现是科学技术在生产上的应用，虽然减轻了人的一部分体力劳动，但是却加重了人的精神负担和体力消耗，将人固定在特定的生产环节重复单调乏味的劳动，限制了人的创造性的发挥；科学技术的发展及其在工业上的应用，污染了人的生存环境，造成许多新的疾患；科学技术的发展引发了许多安全问题，特别是化学武器、激光武器和核武器的制造，使人面临着被自己的创造物毁灭的危险；科学技术在社会日常生活中的广泛应用，提高了人的生活质量，方便了人的生活，开阔了人的视野，加强了人的交流，同时也对人的发展带来某些负面影响，其中最突出的是生活方式、消费方式、思维方式的单一化和趋众心理，如此等等。②

寻科技异化之根，溯科技双重性之源，其原因究竟何在？首要原因是人在从科技发明到应用的过程中没有也不可能达到对自然界完全意义上的认识，重

---

① [美] 弗·卡特，汤姆·戴尔．庄痝，鱼姗玲译．表土与人类文明 [M]．北京：中国环境科学出版社，1987：2.

② 赵理文．历史发展之谜与马克思主义的科学解答 [M]．南宁：广西人民出版社，1999：248.

要原因是出于人类对技术的处置以及人与人之间的利益关系。科学技术本身并无善恶好坏之分，在本质上属价值中立，只是为人类的选择与行动创造了新的可能性。但正因为科技是中性的，才使得人类对它的这些可能性的把握和处置处于一种不确定的状态，才使得它能被人们用于不同的目的。科学技术产生什么影响、服务于什么目的，这些都不是技术本身所固有的，而取决于是被人善用还是误用、滥用、恶用，取决于人自身要用技术来做什么。结果是它既可以造福于人类，也可以给人类带来灾难。正如科学大师爱因斯坦所说："科学是一种强有力的工具。怎样用它，究竟是给人类带来幸福还是带来灾难，完全取决于人自己，而不取决于工具。"[①] 居里夫妇也曾经指出科学是不会有罪过的，有罪过的只是那些滥用科学成就的人。当人们把技术当成是征服者之剑刺向自然时，受到伤害的不仅仅是自然界，还有人类自身。"人对自然的过度索取实质上是人与人之间利益争夺的结果。有许多对自然的人为破坏，实际上都是可以预防和避免的，而一旦问题涉及人的利益，就变得复杂化了。"[②] 因此，人和自然界欲想和谐共生、协调发展，就必须在当今发挥和端正科技主宰者——人类的主体能动性和利益价值取向。简言之，避免科技不当应用造成的负面影响，实现人与自然和谐发展关键在人，在科学技术的人性化应用。

另外，我们更不能否认科学技术在解决环境问题上的重要作用。我们可以试想并追问一下，假如没有科学技术，那么人们依靠什么来解决已经发生的生态环境问题？正所谓解铃还须系铃人，环境问题的解决归根结底还是需要依靠技术来完成。从理论上讲，凭借技术是完全可以实现自然资源的可持续利用，技术的本质和功能也决定了它的合理运用能够帮助人们更好地协调人与自然的关系。"科学已经成为对人和自然的全球污染的保护者。"[③] 所以，技术不仅是人类认识自然、改造自然而获取自由的工具，也可以成为保护自然、改善自然而收获幸福的手段。随着现代科学技术的蓬勃发展，能够符合持续发展要求的技术已成为人们在技术层面上解决全球环境问题、支撑和实现可持续发展的有效的技术手段和正确的技术选择。无论是对造成环境问题的传统产业进行改造，还是发展对环境不构成威胁的高新技术产业，还是促成循环经济和低碳经济的运行，都需要技术上的创新。循环经济是以资源的循环利用为依托的，低碳经济是以"降碳"为指标的。资源的循环利用和"降碳"就需要能源综合利

① 爱因斯坦．许良英，范岱年编译．爱因斯坦文集·第3卷［M］．北京：商务印书馆，1979：56.
② 周林东．奴隶与伙伴——环境新伦理［M］．武汉：湖北教育出版社，2000：174.
③ ［德］乌尔里希·贝克．何博闻译．风险社会［M］．南京：译林出版社，2004：83.

用技术、清洁生产技术、废物回收和再循环技术、资源重复利用和替代技术、污染治理技术、环境监测技术、环保节能技术以及预防污染的工艺技术等技术支持。资源包括不可再生资源和可再生资源。不可再生资源不能回收使用，这就要求采用高新清洁生产技术提高资源利用率，降低不可再生的原材料及能源消耗率，更重要的是要靠科技创新开发新能源和新原材料等新的替代品。对于可再生资源，要靠科技创新使之能循环利用，并且通过技术降低生产过程中污染物的排放。例如，研究如何有效地利用太阳能、风能、水力、潮汐和地热等一些可再生能源；研究如何开发使用可回收再利用的材料；研究如何尽可能地减少原材料的消耗和废弃物的排放，以把对环境污染的排放物消除在生产过程之中；研究如何把有害环境的废弃物减少到最低限度；研究如何采用无害或低害新工艺、新技术，以实现少投入、高产出、低污染的良性循环；研究如何用高新技术和先进适用技术改造和提升传统产业，使物质能源循环利用等，只有在这些技术上取得了突破性进展，高新技术产业以及循环经济和低碳经济才有可能有效、快速地建立。

人类是科技的主人，而非科技的奴隶；发展和运用科技的根据是人，而非科技；科技的价值承担者是自觉的，而非被动的。毕竟，科技是人的产物，正是那些创造和使用科技的人，才使得科技成为一种行善或作恶的力量，也只有增强人类的认识水平和其在运用科技过程中的理性，规范人类的选择和行动，才可能使其负面效应降低到最小限度，让它对人类产生的影响朝向正方向。例如，对社会的科技需要以及科技的社会效应作恰当的估计，准备必要的对策，协调器物层面、制度层面、观念层面等的行为，都是最能体现技术中人的主体性、能动性和创造性的活动。当我们不再将矛头指向科技本身而是反省我们自身之时，也就不必要回到人淹没于自然之中的过去。当生产变得仅仅是为了使用而不是为了出售和利润之时，人与人之间的奴役也就结束了，人对自然界奴役也就画上句号了，人和自然和谐共生的局面也便开始了。

（三）社会制度的合理化

人类获取物质生活资料的生产活动是在一定的社会生产关系中进行的，并不是单纯的人与自然的关系。所以人和自然的关系在一定程度上受人与人的社会关系的影响和制约。

在资本主义社会中，资本主义大生产是以利润为生产目的，以大规模为生产特征，本质上是暴力的，最威胁和损害生态平衡的。在无休止的剩余价值竞争中，“有限环境中的无限扩张只能导致灾难”[①]。因此，资本主义大工业破坏了人与土地之间的物质变换，导致了城市和乡村二元机制，带来了环境污染、生态危机的后果，造成了人与自然关系恶化。不走出资本主义生产目的误区，就不能彻底解决生态问题；不改变资本主义统治自然的理念，就不能彻底铲除生态危机的最深层根源；不化解资本主义的基本矛盾及由此引发的经济危机，就不能克服人和自然的分离和对立。“与资本主义的彻底决裂确实是重建环境完整性的一个必要前提。”[②] 因此，要真正协调人和自然的关系、社会发展同自然生态系统的关系，“仅仅有认识还是不够的。为此需要对我们的直到目前为止的生产方式，以及同这种生产方式一起对我们的现今的整个社会制度实行完全的变革”[③]。马克思和恩格斯科学地阐述了这种协调的社会机制，为解决生态失调问题指明了方向。他们指出，只有在共产主义条件下，人和自然的关系才能统一起来，“联合起来的生产者，将合理地调节他们和自然之间的物质变换，把它置于他们的共同控制之下，而不让它作为盲目的力量来统治自己；靠消耗最小的力量，在最无愧于和最适合于他们的人类本性的条件下来进行这种物质变换”[④]。因为在共产主义条件下的劳动在彻底摆脱了异化状态之后，将成为人的自由和自觉的活动。那么，建立和谐共生的人与自然关系的基础和前提，正是通过对现实资本主义社会进行变革而实现新型的作为共产主义发展第一阶段的社会主义社会这一途径完成的。

马克思在《资本论》一书中认为，人对自然的“支配”不是生态问题的“原因”，生态问题只是由对待自然的“特殊的”方式所引起的。笔者认为，这里所说的对待自然的“特殊的方式”，主要指的是资本主义的生产方式。

商品经济私有制下的资本主义生产方式对自然的破坏是必然的，是造成生态危机的根源，是人与自然和谐共生的障碍。这是因为资本主义生产的利润动机和无政府状态必然导致对自然生态平衡的破坏和对有限资源的浪费。资本主义的利润动机促使人们不考虑对自然资源的开发利用是否合理，也不考虑是否满足人民的实际需要，而是不断追求最大限度的商品交换价值和剩余劳动的极大化。这样一种为了实现其个体目的的经济理性，资本家相互之间必然对自然的占有产生残酷的竞争，必然会破坏生态环境，造成生态危机。马克思说：

---

① ［加］威·莱易斯．岳长龄，李建华译．自然的控制［M］．重庆：重庆出版社，1993：148.

② ［英］大卫·佩珀．刘颖译．生态社会主义：从纵深生态学到社会主义［M］．北京：商务印书馆，1993：241.

③ 马克思恩格斯选集·第4卷［M］．北京：人民出版社，1995：385.

④ 马克思恩格斯全集·第25卷［M］．北京：人民出版社，1974：926～927.

"很明显，如果在一个社会经济形态中占优势的不是产品的交换价值，而是产品的使用价值，剩余劳动就受到或大或小的需求范围的限制，而生产本身的性质就不会造成对剩余劳动的无限制的需求。因此，在古代，只有在谋取具有独立的货币形式的交换价值的地方，即在金银的生产上，才有骇人听闻的过度劳动。在那里，累死人的强迫劳动是过度劳动的公开形式……但是在古代，这只是一种例外。不过，那些还在奴隶劳动或徭役劳动等较低级形式上从事生产的民族，一旦卷入了资本主义生产方式所统治的世界市场，而这个市场又使它们的产品的外销成为首要利益，那就会在奴隶制、农奴制等野蛮灾祸之上，再加上一层过度劳动的文明灾祸。因此，在美国南部各州，当生产的目的主要是直接满足本地需要时，黑人劳动还带有一种温和的家长制的性质。但是随着棉花出口变成这些州的切身利益，黑人所从事的有时只要七年就把生命耗尽的过度劳动，就成为事事都要加以盘算的那个制度的一个因素。问题已不再是从黑人身上榨取一定量的有用产品，现在的问题是要生产剩余价值本身了。"①

另外，在资本主义生产方式下，更是无法实施生态保护。良好的自然环境和自然条件在资本主义的贪欲下变成了被污染的自然环境，连新鲜空气也"被文明的熏人毒气污染"。工人失去了阳光和空气，"肮脏，人的这种腐化堕落，文明的阴沟"，成了"工人的生活要素"，"完全违反自然的荒芜，日益腐败的自然界，成了他的生活要素"②。而且，在整个资本主义社会生产无计划无政府的状态下，资本主义社会的基本矛盾激化所导致资本主义国家爆发周期性的经济危机，给社会生产力带来巨大的破坏，浪费大量的物质财富，使本来就有限的自然资源更趋紧张。

因此，恩格斯指出，必须"对我们迄今存在过的生产方式以及和这种生产方式在一起的我们今天整个社会制度的完全的变革"③，最终建立"有计划地进行生产和分配的自觉的社会生产组织"④，即社会主义和共产主义制度。他进一步指出："只有一个在其中有计划地进行生产和分配的自觉的社会生产组织，才能在社会关系方面把人从其余的动物中提升出来，正像一般生产曾经在物种关系方面把人从其余的动物中提升出来一样。"⑤"生产资料的社会占有，不仅

---

① 马克思恩格斯全集·第23卷［M］．北京：人民出版社，1972：263～264.
② 马克思恩格斯全集·第42卷［M］．北京：人民出版社，1979：134.
③ 恩格斯．自然辩证法［M］．北京：人民出版社，1984：306.
④ 恩格斯．自然辩证法［M］．北京：人民出版社，1984：19.
⑤ 恩格斯．自然辩证法［M］．北京：人民出版社，1984：19.

会消除生产的现存的人为障碍，而且还会消除生产力和商品的明显的浪费和破坏，这种浪费和破坏在目前是生产的不可分离的伴侣，并且在危机时期达到顶点。此外，这种占有还由于消除了现存的统治阶级及其政治代表的穷奢极欲的浪费而为全社会节省出大量的生产资料和产品。”[①]

在社会主义社会，生产资料公有制与有计划的生产和分配以及为了满足人们需要的社会生产的目的将克服资本主义社会由于生产的无政府状态和追求利润的动机所导致的对生产力的破坏和资源的浪费，生产仅是为了满足使用而不至于奢侈和浪费地成为人与人利益较量的占有。也正是这种生产资料占有原则下的社会制度，直接导致物质资源利用于生产的规模降低，从而保护了自然生态系统，避免生态危机的发生，达到人与自然的和谐共生。

---

① 马克思恩格斯全集·第19卷［M］．北京：人民出版社，1963：244.

第四章　人与自然和谐共生的客体维度

和谐共生既是主体生存发展的客观需要，也是客体存在发展的内在要求。平衡与协调是自然界的固有属性和应然状态，也是人与自然之间的本质联系。破坏了自然界的平衡和人与自然的协调关系，就不能不受到自然界的“报复”，自然界的“报复”从反面说明了人与自然和谐共生的重要性。尊重自然、顺应自然，在人与自然之间建立良好的和谐关系，是人类生存发展的重要条件。

第一节　平衡：自然界的固有属性

人类总是依据自身的利益评价外部事物，将之分成优劣好坏，而大自然则另有一套规范和准则，其最基本的法则便是平衡。自然生态的平衡是指包括人在内的生物群落和非生物群体的生态系统在发展过程中，各种对立因素通过相互制约、转化、补偿和交换等作用而达到的一个动态的、相对的稳定状态。外部自然界的事物和现象，包括未经人类改造的自在自然（天然存在的自然物）和经过人类改造的人化自然（人类生产实践活动形成的人化自然物）。在马克思那里，前者被称之为第一自然，后者被称之为第二自然，二者被统称为自然客体。自然客体有着自身寻求平衡的要求，这是它的固有属性，也是异化劳动使外部自然与人自身自然对立起来而变为客体的本质要求，是规律性的东西，其主要是通过自身内部结构的改变或能量的转换来维持动态的平衡的。即使是人改变其结构或形式之后，特别是改变程度超过它的承受阈值时，它自己也仍要通过改变自身的内部结构或转换能量甚至有可能自我崩溃而再去建立一个新的平衡，以继续维护其平衡性质。

一、整体性平衡

自然界是一个由无数自然物组成的统一整体，其各个部分之间是相互联系、相互作用、相互协调的。每一事物都同其他事物相关联，可以说整体性是自然客体系统的一个最普遍、最本质的平衡属性。达尔文通过文昌鱼看到无脊椎动物与脊椎动物之间的联系，通过总鳍鱼看到鱼类与两栖类之间的联系，通过始祖鸟看到爬行类与鸟类之间的联系，等等，从而创立了进化论。这也从另外一个侧面反映了大自然之间的整体关系。自然客体有客观地寻求整体上和谐的需求，客体自然和生物之间以及生物和生物之间迄今为止所进行的物质交换和能量循环都在一个整体的自然中和宽松的状态下发生，于是在我们生活的自然界中，整体上是维持在安定和谐的状态中的。最初的原始生命体自从在地球上出现以来，就有了种的分化，其生物物种和存在于其周围的化学物质之间形成了共生关系。换言之，一个生命体因导入周边环境的化学物质而生存。这期间，某个特定的生物物种和化学物质之间的相互依存关系就能够确立。作为生物的最小生存单位的个体，与周围的环境（生物、非生物）相比较，是独立存在的，必须占据有限的空间，它经常和环境进行物质和能量的交换，环境和个体之间由此发生相互作用。同一物种内的个体之间首先是与生长繁殖相关的个体间的关系，再者是与各自周围环境之间的关系，即作为种的个体群占据整体空间。因为占据个体群的全部空间（包含个体之间的间隙），所以在其种内成为特有的个体群空间，这个个体群空间就意味着含有所有要素，相当于个体群生态系统。自然就是各个个体群生态系统的集合，是更广泛意义上的整体。

首先，宇宙大系统是平衡的。宇宙的能量总和是个常数，而且是固定的，永远都不会改变。宇宙中每一个天体的存在都是一个平衡的物质存在，天体自身、天体和天体之间的运行也是平衡的物质运动。我们的地球也不例外。地球上的一切事物，无不体现出物质在整体空间上的平衡性。有高山就有洼地，有陆地就有海洋，有南极就有北极，有喜马拉雅山脉就有马里亚纳海沟，等等。除了地球地质构造上的平衡，还有地球上各个子系统相互联系的均衡合力，物质诸元素之间形成的合理比例和物质循环维持着的能量守恒等平衡。比如，火山喷发这一自然现象就源自大自然热量的不均衡，地球地表和内部热量的不平衡促使其内部的热量向外释放，以给予地表丰富的土地、热能等，内部热量释放后，表内双方热量便形成新的平衡。

其次，植物系统是平衡的。植物是地球上分布最广泛的生命形式，从最低级的藻类，到高级的树木，水中、陆地比比皆是，植物系统的平衡突出地表现在其对环境的适应性上。不同的地理、气候、阳光、水分和土壤，构成了不同植物生活的不同空间，造成植物种类的千差万别。如：在温带、热带、寒带等不同气候区域所生长的植物各不相同，在同一气候带因高低不同的地势所生长的植物又各不相同，表现为从低级到高级的形式排列。横向上，同一高度同时生长着从矮小植株过渡到高大树木、从草本过渡到木本的植物形态；纵向上，不同高度排列生长着从热带到寒带的不同植物。它们不管在何种环境条件下，总是与其环境相适应，并明显地带有该环境的特点；它们相互依存，形成植物生态系统的完整链条。这种与环境的谐调适应性和空间链条性，体现出天然的合理性，就是一种平衡。

再次，动物系统是平衡的。动物也是地球上广泛分布的生命系统，是大自然造化的高级物质运动形式。动物系统的平衡除了像植物一样表现在适应性上（比如：能够变成和周围环境一样的保护色，陆生的动物为了适应陆地生活而呼吸空气、形成防止水分散失的身体结构，等等）以外，更主要的是表现在进行质量交换和能量转化上。所谓大鱼吃小鱼，小鱼吃虾米，虾米吃淤泥，而大鱼死后尸体又成为其他鱼类的食物，残余部分则被微生物所分解，这就是我们常说的食物链。动物之间互为食物，食肉动物以食草动物为食，食草动物以植物为食，如此进行物质交换，以维持自身的生存和发展；动物之间互为制约，一般来说，动物除了受其所处客观环境的制约，还受自己的天敌制约。于是，动物之间会在个体体形、体态大小、行为方式和种群数量上保持合理的数量比例，这样共存共荣便形成了整个动物界的平衡。

最后，生态系统是平衡的。生命的各个层次组合为各个或大或小的生态系统，从生态学的角度看，平衡就是某个主体与其环境的综合协调。所以，凡是可以按自然的演替规律正常发展的生态系统都可以认为是平衡的。可以把第一自然和第二自然看成生态系统的两级结构。

其一，“第一自然”通过物质循环维持着能量守恒、要求着整体平衡。大自然通过一些自然活动诸如火山喷发、海啸、地震等自然力的具体表现形式，进行着物质的转化和能量的循环。比如：台风虽然给我们带来灾难，但是其本身也是维持自然体系平衡的一分子（参阅专栏 4-1）。

专栏 4-1　如果没有台风

读中学时，地理老师问我们，如果没有台风，这世界会怎么样呢？我们回答说，如果没有台风，房屋就不会被掀倒，树木就不会被吹断，财产就会少受一份损失，人类就会多添一份平安。而老师却说，如果没有台风，全世界的水荒会更加严重，因为台风可以为人类提供大量的淡水资源；如果没有台风，地球上的冷热会更加不平衡，因为日照最多的赤道地区全靠台风来驱散热量，否则，热带会更热，寒带会更冷，而温带将不存在……

平时，我们只知道台风给我们带来灾难，却很少知道台风同时也在为我们造福。

资料来源： 节选自《思维与智慧》2005 年 5 月　黄小平

再如，现在人们闻之色变的沙尘暴，即由于强烈的风将大量的沙尘卷起，造成空气混浊，能见度小于千米的风沙天气现象，其实古已有之。它本是雕塑大地外貌的自然力之一，是大自然的一项工程，并且在地球生态平衡中占有一席之地。在地质史上，风力对草原带的风化物质进行筛选分类：凡搬不动的粗大砾石，留在原地形成砾石戈壁滩；颗粒适中的粗砂和细砂被吹移到附近就地聚集成沙漠；颗粒微小的粉沙细土和微尘，则被强上升气流扬上天空，作中长距离的输送。我国黄土高原的黄土层就是沙尘经数百万年堆积而成的，华夏文明就是在这块沙尘累积的黄土地上诞生和发展起来的。澳大利亚的沙尘乘着南半球的西风掠过塔斯曼海，使新西兰火山岛上的土壤更为肥沃，因而被称作“澳大利亚出口的珍贵产品”。从非洲内陆吹向地中海的强风帮助古罗马人使用帆船从埃及运回小麦，但同时也将撒哈拉大沙漠的沙尘带到意大利、西班牙和法国。沙尘暴固然使空气中的可吸入颗粒物增加，然而由于沙尘含有碱性，又可中和大气中的酸性物质，减缓酸雨的发生。风是地球上空的传送带，它将大陆的沙尘吹向海洋，又将海洋的水汽吹向大陆。沙尘和水汽相遇，便能结合为云，最终化作降水。可见，沙尘不仅在土壤的分布和补充上扮演着重要的角色，而且在地球的水循环上也扮演着重要角色（参阅专栏 4-2、专栏4-3）。可以说，沙尘也是决定自然系统平衡的因子。

专栏 4-2　沙尘暴：地球不可或缺的部分

沙尘暴可谓臭名昭著，特别是在 20 世纪最后几年，声讨它的声音越来越强。黄色的天空、夹带着泥土的春雨成为北方一景，它甚至成了南方学子不愿到北京上学读书的理由，而建议“迁都”的声音也时有耳闻。沙尘暴真的那么讨厌吗？其实，在自然界，沙尘暴非但不是令人不快的“不速之客”，它还是带来丰富养料的“老朋友”和改善环境质量的“好帮手”。

没有沙尘暴就没有夏威夷

夏威夷群岛是浩瀚的北太平洋上最璀璨的明珠，那里美丽的风景征服了来自世界各地的人。戴着艳丽花朵编制的花环，走在银白色的沙滩上，碧海、蓝天、绿树，当人们陶醉在天堂般的风景中时，不会有人想到，眼前的美景全赖沙尘暴所赐——没有沙尘暴，夏威夷只是一些兀立在海里的巨型岩石，没有土壤、没有花草，充其量只会成为海鸟的栖息地。

第一次上夏威夷群岛考察的地理学家感到奇怪，为什么这里会如此生机盎然？夏威夷远离大陆，是海底火山喷发后熔岩凝结而成的。这样的火山岩没有植物根系的作用根本无法形成土壤——没有土，哪里来的植物？而没有植物，夏威夷群岛又哪里来的土壤？这个问题几乎成了“先有鸡还是先有蛋”的死循环——最初一粒蕴含着无限生机和希望的肥沃土壤来自哪里？

一艘白色的小船逡巡在夏威夷附近的海面上，船上不是穿着沙滩装、晒太阳的游客，而是几个拿着古怪仪器的人。他们每天定时用一个圆柱形的装置对着海风，收集空气中那些肉眼根本无法辨别的细小尘埃。类似的工作还在空中进行着，一架小型的科研用飞机飞上不同高度，用同样的装置收集北太平洋上空不同高度大气中的微粒。

这些尘埃被带到美国本土的实验室进行化验，与它们同时化验的还有另外一些土，这些土来自中国西北地区干旱苍凉的荒原。

化验结果让科学家露出了欣慰的笑容，和他们猜测的一样，两者的成分非常相似——造就夏威夷的最初养料来自遥远的欧亚大陆内部。两地相隔万里，普通的风无法把内陆的尘埃吹到这么遥远的地方，是沙尘暴，把细小却包含养分的尘土携上3000米高空，穿越大洋，播种一般把它们撒下来。

随着卫星遥感技术的发展，科学家已经可以直观地观察亚洲沙尘暴的运动过程了。美国国家航空航天局的卫星清楚地拍摄到了我国甘肃、新疆等地发生沙尘暴后沙尘传播到美国西海岸的全过程。

欢迎沙尘暴“均营养运动”

历史上，总有人不断提出各种“均贫富”的方法，想达到消除财富差距的目的。与此相比，沙尘暴可以算是一种自然界的“均营养”运动。沙尘暴把地表的土卷入高空，矿物质、有机物等各种微粒在大气层中飘向远方。

现在浮尘甚至有了很多推崇者，因为浮尘当中的矿物质在恢复土地肥力方面的效果甚至要优于氮、磷、钾肥。在欧洲，这些推崇者发起了一项名位

"恢复土地矿物质"的运动。他们把岩石和土壤粉碎混合，生产出与沙尘暴"创造"的沙尘成分相似的粉末，想以此代替传统的肥料来恢复农业的活力，现在他们的实验正在进行之中。

除了夏威夷群岛，科学家还发现，地球上最大的绿肺——亚马孙盆地的雨林也得益于沙尘暴，它的一个重要的养分来源也是空中的沙尘。沙尘暴能把磐石变得葱葱郁郁的秘密在于，沙尘气溶胶含有铁离子等有助于植物生长的成分。科学家把悬浮在空气中，直径在10～100微米左右的固体、液体微粒叫作"气溶胶"。气溶胶的自然来源主要是海洋、土壤以及火山等。现在研究气溶胶的成分，移动路线和它对全球环境、气候的影响是世界最前沿的科研课题之一。

"气溶胶对整个世界的影响太大了"，北京师范大学化学系的实验室里，环境化学专家庄国顺教授说："如果把中国和蒙古的荒漠、戈壁都罩上一个罩子，不让地表的土被风吹起，那么整个美国西海岸的海洋生物将纷纷饿死：没有气溶胶携带来的养分就没有丰富的海洋微生物（海洋的初级生产力），而失去这海洋生物链最底层一环，整个海洋生态系统将难以为继。"

然而沙尘暴起源地如果出现污染，有毒的尘埃也会随之扩散，相隔万里的区域也会被有毒物质污染。所以现在许多发达国家非常关注其他国家和地区的环境问题，一个地方环境的破坏会很快在这个小小的地球上传播开来。

中国是亚洲沙尘暴最主要的起源地。据估计，每年从中国沙漠输入太平洋的矿物尘土大约为6000万～8000万吨。源于东亚的沙尘气溶胶粒子含有丰富的铁、铝等矿物元素，能够增加海洋营养盐的输入，刺激海洋生物的活动，影响藻类光合作用，促进海洋生物的生长繁殖。

不过，降到海里的浮尘也是一柄"双刃剑"。美国地质测绘局的专家们发现，非洲沙尘暴造成的铁沉积和藻类过量繁殖之间有着明显的联系。这些藻类很多都是有毒的，它们是佛罗里达沿海有毒赤潮的元凶。但科学家也不敢肯定，有害藻类的过度繁殖是否真的一无是处，也许，它们对海洋生态系统也有尚不为人知的利益。

日本、韩国——酸雨不再那么酸

在日本，曾有人说源自中国的沙尘暴影响了日本的环境，降低了日本国内的空气质量。但是最近，日本的"朝日新闻"却以《黄沙，中国来的恩惠》为题大幅报道了一项研究成果。其后"环境新闻"、日文版《国家地理杂志》、日本共产党机关报“赤旗”和韩国“文化放送”电视台也制作了专题——科学家发现，沙尘暴所携带的碱性沙尘可以中和大气中的工业污染排出的酸性物质，大大降低酸雨的酸性。沙尘暴不仅使我国北方得以免受酸雨之苦，而且对韩日两国的酸雨也起到了显著的抑制作用。

酸雨是伴随工业发展产生的一个环境问题。在自然界，普通的雨水与河湖中的水酸性是相同的。由于水可以溶解少量空气中的二氧化碳，所以自然状态下的水是略带微弱酸性的，pH 值为 5.6。如果降水比自然界存在的水更酸，即 pH 值小于 5.6 则被称为酸雨（包括酸雪）。

二氧化硫和氮氧化物是形成酸雨的主要因素，工业生产的许多环节都会产生这些东西。煤炭是工业生产的最主要能源，煤中通常含有硫，烧煤不但产生“大名鼎鼎”的温室气体二氧化碳，还会产生很多硫的氧化物。当大气中的二氧化硫、氮氧化物等酸性污染物浓度增高时，这些物质可溶于雨雪中，生成亚硫酸、硫酸和亚硝酸、硝酸，使降水 pH 值降低，形成酸雨。酸雨对土壤、水体、森林、建筑物和人体健康都会产生不良影响。

在我国，二氧化硫是导致酸雨的主要物质，南方和北方二氧化硫排放程度大致相当，但是酸雨主要出现于长江以南，北方只有零星分布。学术界对这一现象早有解释：北方多风沙，来自沙漠的沙粒偏碱性；北方的土壤也偏碱性，飘尘也偏碱性，含钙的硅酸盐和碳酸盐都会中和大气中的一些酸性物质。但是由于受制于当时的单一模式和计算能力，一直没能开展相关的定量研究。

随着人们对沙尘暴关注的升温，科学界对它也投入了更多的精力。现在，科学家已经测算出沙尘暴对酸雨的影响。

中国科学院大气物理研究所的王自发研究员说：“沙尘暴的确降低了酸雨的酸性。沙尘及其土壤粒子的中和作用使中国北方降水的 pH 值增加 0.8～2.5，韩国增加 0.5～0.8，日本增加 0.2～0.5。如果没有沙尘的作用，那么很多北方地区的酸雨危害要严重得多。”

沙尘暴作为一种自然现象，始于人类出现之前，也将继续存在下去。对于它的存在，我们很难用“好”与“不好”的标准来评判，自然界自有它的一套法则。从黄色的天空、春天的“泥雨”到太平洋上收集气溶胶的飞机，我们对沙尘暴的认识和研究都还只是一个开始。在自然界的奇伟面前，我们总是像个好奇的孩子。

资料来源：周元春：《中国国家地理》2003 年第 4 期。

专栏 4-3 沙尘暴：抵抗全球变暖的幕后英雄

2002 年 1 月，南大洋碧波荡漾，三艘模样有些古怪的船只正在航行，在这些船的尾部，不断有一些红色的液体排向大海，顷刻，碧蓝的海面便被染成一片红色。有人以为这是三艘不讲道德污染海洋的捕鲸船，恰恰相反，这是一些为改善人类的生存环境而工作的科学研究船，船上有来自德国、美国、新西兰等国的 76 名科学家，他们正在做一项向大海“施肥”的科学实验：往海里投放含铁的溶液，目的是看这些铁溶液是否能刺激海洋里浮游植物的生长。为什么要刺激海洋里浮游植物的生长呢？原因是这样的：科学家已经证明了海洋里的浮游植物能像陆地植物一样，吸收导致全球气候变暖的罪魁祸首——二氧化碳。因此，海洋浮游植物的增加将减少大气中二氧化碳的含量。

差不多与此同时，在南太平洋上，一些向新西兰行驶的船，也许能说明这些科学家此项实验的意义和紧迫性。这些船上乘载着南太平洋上的岛国图瓦卢的生态移民。2000 年12 月，图瓦卢政府宣布，因地球气温增高引起海水上涨，图瓦卢部分土地已经被海潮淹没。图瓦卢领导人承认在与不断上升海平面的斗争中失败，宣布将放弃他们的祖国。新西兰政府同意接受 1.1 万图瓦卢居民前往定居。图瓦卢的命运只是一个缩影。基里巴斯、库克群岛、瑙鲁和西萨摩亚等低地岛国也面临着同图瓦卢一样举国搬迁的威胁，而一些大国，虽然不至于举国搬迁，但一些重要的沿海城市也受到海平面上升的威胁。

然而，这些与沙尘暴有什么关系么？科学家的结论是有很大关系：沙尘暴是全球生态系统的重要一环，它是抵抗全球变暖的幕后英雄。沙尘暴虽然不直接吸收大气中的二氧化碳，但它是海洋浮游植物的生长肥料，沙尘暴所带来的物质是浮游植物生长必不可少的。没有沙尘暴吹向海洋，浮游植物将很难生长。而海洋浮游植物最近才被认识到在吸收二氧化碳方面的作用并不亚于陆地植物。

大家都知道植物有一个神奇的功能：即通过叶片中的叶绿素进行光合作用来吸收大气中的二氧化碳，并呼出氧气，这与动物和人正相反。这是自然界生态平衡中的一环。在这一过程中植物依赖阳光和水中的氢帮忙把二氧化碳中的无机碳转变成有机物，即糖类、氨基酸及其他构成细胞的生物分子。大气中二氧化碳转变成有机物的过程，也被称“初级生产力”。

植物通过光合作用来吸收大气中的二氧化碳，过去人们想到的往往是陆上的森林和草地。海洋浮游植物对气候的影响之大，最近才被充分认识。

大约5年前，大多数生物学家还是严重低估了浮游植物对吸收大气中的二氧化碳的贡献。主要原因是由于当时的科学家无法计算出全球浮游植物的总量。

1997年，美国航空航天局（NASA）发射了海洋广角感测仪（Sea Wide Field Sensor），它是第1颗能每周观察全球浮游植物数量的人造卫星，它使科学家有可能计算出全球浮游植物的总量。为什么卫星能观测出全球浮游植物的总量？这是因为：只有当植物中存在叶绿素A时，光合作用才能进行。叶绿素A能吸收阳光中的蓝色和绿色波段，而海洋中的水则将其散射。因此，在一个区域内吸收阳光的浮游植物越多，从太空中观察的这片海洋就越暗。卫星通过观测从海洋反射回来的蓝、绿光所占的比例，就可以计算出叶绿素的量，从而了解浮游植物的量。

正是由于卫星的帮助，加上实地调查和数学计算，在1998年，世界上几个不同的研究小组得出了一个共同的惊人结论：浮游植物每年将大约450亿～500亿吨的二氧化碳合成到自己的细胞中——这是此前最大胆的估计的数倍。

科学家早已经推算出每年大气中大约有1000亿吨的二氧化碳被吸收了，而这过去大部分被算到了陆生植物的功劳簿上。今天，人们明白了，其实陆生植物每年只吸收了大约520亿吨。而另一半是被浮游植物吸收了，可以说，海洋浮游植物在吸收温室气体二氧化碳方面的贡献可与陆生植物平分秋色。

地球现在面临的麻烦是大气中二氧化碳增多，换一种说法是全球的碳循环失衡，即释放的碳远远大于被吸收的碳。人类通过燃烧化石燃料，将深埋地下的碳带回循环中的速度是过去生物呼吸、生物降解、火山喷发等途径释放碳的速度的大约100万倍。森林和浮游植物吸收二氧化碳的速度难以赶上这一增长的步伐，结果导致大气中的这一温室气体的浓度迅速上升。

全球原有的碳平衡被打破，导致气候变暖，现在的任务是重建这种平衡。科学家们在海洋浮游植物身上看到了这种希望。

海洋浮游植物有一个特点是繁殖的速度快，而且有生长的广大空间，这是陆生植物无法相比的。海洋浮游植物细胞平均6天繁殖和死亡一次。浮游植物的快速生命周期是它们对气候产生影响的关键。1988年，一个正在进行的国际研究项目——全球海洋通量联合研究（JG-OFS），开始对海洋碳循环进行量化研究。他们发现，死亡浮游植物的细胞和动物排泄物中的有机物质分为两部分，一部分对吸收二氧化碳重建碳平衡意义不大，因为这些下沉并被微生物分解的浮游植物的细胞，把它们通过光合作用固定的碳通过海水的循环又释放到大气中，这种循环大部分发生于海洋中的阳光照射层。

能够减少大气中的二氧化碳，从而对重建碳平衡发挥影响的是那些还未分解就沉入海洋深处的浮游植物的细胞和有机物。这些有机物沉到了200米以下的海洋深处，那里的海水温度较低、密度高，很难与其上面较暖和的海水循环交换，因此被固定的碳停留在海里的时间比较长。通过这一被称为"生物泵"的过程，浮游植物将表层海水及大气中的二氧化碳转移至海洋深处。2001年，美国的研究人员报道了每年被泵入深海的碳物质总量在70亿～80亿吨之间，相当于浮游植物每年所吸收碳的15%。

正是这一循环使大气中二氧化碳的浓度，比如果没有这一循环低了200ppm（百万分之一），对于目前大气中二氧化碳浓度约为365ppm来说，这是一个很重要的因素。

既然海洋浮游生物对吸收二氧化碳、重建全球碳循环这么重要，那么怎样才能使浮游植物繁殖得更快、更多？就成了科学家最想知道的事情。

海洋中到底哪些营养成分对浮游植物的生长起作用？过去科学家对此知之甚少，直到最近10年情况才有所改变。科学家这些年有几个重要的发现，一是知道了浮游植物生长必须有两种营养元素——氮和磷来支持，磷是合成蛋白质的基本物质，过去一直认为磷最难获得，因为磷只存在于陆地的磷酸盐矿石中，海洋中的磷是经由河流带入海中的；而氮气是大气中最丰富的气体，可以自由溶进海水中。

直到20世纪80年代早期，海洋生物学家才认识到普通的氮并不能被生物直接利用。只有氮气被固定后（换句话说是与氢或氧结合生成铵盐、亚硝酸或硝酸盐），大部分浮游植物才能利用它们合成蛋白质。而固氮需要铁元素来做中介传递电子。

这一重要发现，是由美国化学家约翰·马丁（John Martin）最先提出的。他工作在美国加利福尼亚的莫斯兰丁海洋实验室（Moss Landing Marine）。他通过实验证明铁是海洋浮游生物生长过程中最重要的元素。他用极灵敏的方法测量这种金属，发现太平洋近赤道的区域、太平洋东北区和南太平洋中铁的浓度太低，以致这些区域的浮游生物的生长繁殖受到了严重的抑制。

约翰·马丁发现：铁抵达海洋表面的唯一途径是通过风吹起的沙尘。因为沙尘中含有丰富的铁。因此，在远离陆地无法接受沙尘的大片海域中，铁的含量很低。

南极冰层中挖取的冰芯支持了约翰·马丁的理论。从记录了过去42万年地球历史的冰芯中发现，当冰河期来临时，陆地干燥而且风速大，南极冰芯中铁的含量高很多，沙尘颗粒明显比温暖期的大，二氧化碳的浓度也低，反之亦然。因此，与湿润的温暖期相比，有更多的铁和沙尘吹入海洋中，结果增加了浮游生物的生长能力，提高了生物泵作用，于是从大气中吸取了更多的二氧化碳。

1993年，约翰·马丁和他的同事实施了世界上第一例海洋实地人工调节实验，他们直接向赤道附近的太平洋里投放了铁，他们的研究船装载着盛在罐子里溶解于稀硫酸中的数百公斤铁，船在一个50平方公里的海域内像除草机一样推进，缓慢的投放该溶液。他们用了4个星期做此实验，结果很明确，铁的加入明显提高了浮游生物的光合作用，使海水里出现了一个被生物体染绿的区域。

在约翰·马丁的实验之后，有3个独立研究小组——来自新西兰、德国、美国——也很确切地证明了向南太平洋中加入少量铁后，显著地刺激了浮游生物的生产力。迄今为止，规模最大的一次施肥实验是今年1—2月份进行的。该计划——南太平洋铁施肥实验（The Southern Ocean Iron Experiment)，以美国蒙特雷湾水族馆研究所和莫斯兰丁海洋实验室为首——有76名科学家和3艘船参与。初步结果显示，1吨铁溶液投放于约300平方公里的海域，在8星期内使初级生产力提高了10倍。

然而，设计大规模商业施肥计划来改变气候的想法，在科学界和决策者中仍在激烈地辩论。许多科学家认为，改变自然的海洋生态系统，可能会造成不可避免且难以预测的不良后果，这比人类从商业施肥计划中所取得的暂时利益要严重得多。

资料来源：中国国家地理　2003年第4期　庄周

其二，“第二自然”通过自身改变结构或者形式，寻求着整体和谐。在人类出现之前，“第一自然”就有着平衡的要求，在人类出现以后，即使成为“第二自然”的自然，其整体属性也是不容改变的。我们人类也是“自然”的一部分，其活动也是自然活动的一部分。所以，人也是自然整体平衡的要素，自然整体的平衡需求决定了人与自然关系是整体促进、相对和谐的。更极端地说，人首先是作为一种叫作“人”的物种而存在的动物，就算是人类灭绝那也是地球环境变化的一环，是大自然整体平衡的需要。事实上，人类从自身的本能出发直接指向同自然的调和，这是另外一种自然的活动，也是整个大自然活动的一部分。从这个意义上也可以说，“第二自然”是“第一自然”的外延，客观上也是要求整体性和谐的。比如：沙尘本是对自然水土系统有着平衡意义的小分子，然而近百年来，沙尘暴却已经成为影响人类生产生活的一大人祸。构成我国沙尘暴的物质材料，多来自干旱、半干旱的草原区。在人的活动的干预下，特别是由于森林大量砍伐，土地过度开垦，工厂盲目建设，排放不加控制，造成了生态剧变：原来有沙漠的地方沙漠扩大了；没有沙漠的地方沙漠产生了；内陆河流程缩短，水量减少，沼泽地消失；河流两岸的绿色走廊枯萎死亡。这样，来自大西北的沙尘暴，一路还不断地获得裸地上新的沙尘源的补充，而且混入了工矿企业排放的有害成分和来自草原上牲畜粪便中的病菌病毒。总之，在受到人为因素的干扰后，沙尘发挥不到使土壤的分布平衡以及全球水循环平衡的作用。那么，为了继续保持平衡，在不继续受到人为或好或坏干预的条件下，自然就会通过改变自身的结构或者形式，如：可能通过加快土壤生成速度降低风蚀速度的方式，重新生成和谐的水循环和土壤分布。

可见，世间万物的形态、结构和运动都是能量聚集与转化的不同表现形式，而自然客体内部无序或有序结构的总量又是固定的。一个人、一幢摩天大楼、一棵青草，都体现了从一种形式转化成为另一种形式的能量——高楼的拔地而起，青草的芬芳生成，都耗费了在其他地方聚集起来的能量；高楼夷为平地，青草不复生长，但它们原来所包含的能量并没有消失，而只是被转移到同一环境的其他所在去了。这说明，从宇宙中天体存在空间、天体上动植物生存空间的合理分配，到自然客体每个生态系统的物质循环，都在整体上是和谐与平衡的。

二、规律性平衡

小到粒子，大到宇宙，自然无论多大多小都自成系统，又互成系统。自然这一系统具有最本质的规律性，以各种各样的规律维系着大自然本来的和谐。也就是说，自然客体之所以能够维持相对稳定或动态平衡，是由生态学的基本规律决定的。每一个和每一种生物自身遵循“出生—成长—强大—衰落—死亡”这样一条生长规律，每一生物又同自身以外的他物受到“大鱼吃小鱼，小雨吃虾米”这样的规律作用，物竞天择，适者生存，用进废退，弱肉强食等的存在和变化是不以人的意志为转移的，这些都是大自然的规律。更通俗地讲，种植的时候需要雨水，行船的时候需要有风，水和风能够按照季节准时而至，这种自然现象和秩序就是“规律”。在人类出现之前，地球上的生物们就都自觉不自觉地遵循着这一规律生存着，形成了一个平衡的生命网络，并且证明了以如此循规蹈矩的方式生存于地球是正确的。在人类出现以后，大自然的这些活动也不以人的意志为转移，而是受地球自身规律作用，没听说有受到人的力量的干预在人指定的时空内发生或者不发生地震、海啸、火山喷发等这些自然现象的，反而人类也还是要在规律的支配下同周围自然发生联系，维系着平衡的生命网络。

首先是物物相生相克规律。相互依存与制约关系，无论在动物、植物和微生物中，或在它们之间，都是普遍存在的。尤其是通过“食物”而相互依存与制约的关系，体现了“相生相克”规律下的平衡。具体表现形式就是食物链（网）。被食者为捕食者（俗称天敌）提供生存条件，被捕食者控制；反之，捕食者又受被食者的数量、规模等的限制。这样天敌之间彼此相生相克，使生物保持数量上的相对稳定，从而使整个体系（或群落）成为协调的整体，这是平衡的一个重要体现。如在自然情况下，某一地区的棉蚜由于受到瓢虫、草蛉等天敌的控制，它的种群数量维持在低度水平，不致引起棉花的减产。事实上，因为多数动物的食物不是单一的，自然界的生物之间实际的取食和被取食的各种关系远不是食物链表达的这样简单，食物链之间的相互交错关联而构成了复杂的网状关系，但这种严格的食与被食的因果关系持续下去就体现出了自然的规律性，最后通过各方面的努力常常会达到一个均衡状态。

其次是物质循环转化规律。生态系统中，植物、动物、微生物和非生物成分，借助能量的不停流动和转化进行着物质循环。这种循环，一是链环闭合的，二是能量守恒的。当一个自然生态系统各物质之间进行输入与输出的相互联系时，一物进行输入时，另一物必然进行输出；生物体从周围环境摄取物质，环境必然向其提供物质。能量输出方又会从其他输出方或者输入方排放的物质中输入能量，以补偿损失，并且最后都是回归原始的一环那里，形成闭合圈。如碳循环，植物通过光合作用将大气中的二氧化碳同化为有机物，消费者通过食物链获得植物生产的含碳有机物，这时有一部分通过呼吸作用回到大气中，另一部分以动植物的遗体和排泄物的形式存在。其中有的被微生物分解成二氧化碳，回到大气；有的在岩石圈长时间的地质演化中形成石油、煤等化石燃料。化石燃料的其中一部分被细菌（比如嗜甲烷菌）分解生成二氧化碳回到大气；另一部分被人类开采利用，经过一系列转化，最终还是形成二氧化碳，又回到大气中。整个循环过程可以简单化为下面的闭循环链：大气圈→生物群落→岩石圈→大气圈。当今的循环经济就是依据闭循环规律而织就的生产模式之霓裳。另外，这其中每一个环节又都伴随着能量的输入和输出，并且在总体链条上，最后与原初的能量总数是一致的，呈现出守恒态。这种循环是一种再生性质的循环，符合生态学上所讲的“物质循环、再生利用”的原理，而人与自然和谐共生的“和谐”本质上就是要求重新耦合生态系统的结构与功能，“共生”本质上则是要求通过复杂的食物链和食物网来再生利用系统中一切的物质和能量（参阅专栏 4-4），这样便使得生态系统中的各种生物之间在一个需要共同维持的、高效的、有利的环境中共同生活。对于一个稳定的生态系统，无论对生物、对环境，还是对整个生态系统，物质的这种循环转化规律都使物质的输入与输出达到协调稳定，从而使整个自然客体总是保持相对平衡。

专栏 4-4　生物圈与食物链

生物圈是一个巨大而又极其复杂的生态系统。它由无数个大小不等的各类生态系统所组成。这些生态系统基本可归为 3 类：陆地生态系统、淡水生态系统和海洋生态系统。

陆地生态系统是指构成陆生动植物的生态环境。比如：我国西双版纳的亚热带丛林，丛林中的亚洲象、华南虎、云豹，加上各种鸟类和其他小动物，便构成了一个完整的生态系统。再比如，我国北方的许多草原，不仅处处可见风吹草低见牛羊的景象，那儿也是各种野生动物和鸟类的乐园。高原雪域、沙漠戈壁，看上去十分荒凉，但它们不仅有生命存在，而且相互之间的依存关系以及对环境的影响，同样形成自己的生态系统。

淡水生态系统通常指江河、湖泊以及沼泽中淡水生物相互构成的依存关系和由此而形成的自然环境。在这一生态系统中，主体是淡水，其他各种水生动植物都属客体，只要主体的淡水环境不被破坏，客体一般不会出现太大的问题。那么，这个生态系统也就基本上能够保持平衡。

海洋生态系统顾名思义就是指海洋这一主体条件下各类动植物的群体所形成的自然环境。表面上看，大海汹涌澎湃，桀骜不驯，而水下摄影机拍到的海底世界却是那样恬静、祥和、温馨而又奇妙！

构成生物圈的各类生态系统，在结构和功能上都有各自的特点，起着特殊的作用，共同维持着生物圈的正常功能，这就是我们通常说的生态平衡。

食物链是指生物相互制约、相互依存所形成的食物网络关系。如：草原生态的“食肉动物—食草动物以及昆虫—鸟类”等，它们互相制约，共生共荣。它们之间的关系是对立统一的，自然和谐的。在非洲大草原，以狮子、猎豹和猎狗为代表的食肉动物专吃食草动物，它们对角马甚至斑马的猎杀是凶残的，但这种残酷的捕杀既是食肉动物生存繁衍的需要，同时也是保持草原植物繁茂和生态平衡所必不可少的因素。如果没有食肉动物对食草动物的控制，食草动物就会迅速发展起来，当食草动物发展到一定数量，草原就难以承受，草原退化，食草动物也就失去生存和发展的条件。食肉动物对食草动物的捕杀，不仅能控制食草动物种群的数量，从某种意义上说同时也是在提高食草动物的质量。生物学家经过长期的野外考察证明，食肉动物在猎捕过程中，选择的对象往往是病残弱小的食草动物，这无疑有利于物种的优胜劣汰。从这一点说，食肉动物对食草动物的凶残捕杀，就显得自然合理，天经地义了。

食肉动物以食草动物为食，在控制食草动物种群数量的同时保护了草原，各类飞鸟对昆虫的捕食和食肉动物一样，也起到保护草原的作用。而飞禽走兽的粪便则成为上好的肥料，促使各种植物的生长。这种以植物为主体，食草动物、食肉动物以及“昆虫—鸟类”为客体所形成的食物链，对维护草原的生态平衡都起着不可忽视的作用。呼伦贝尔草原，是我国北方最大的草原之一，那儿牧草丰茂，牛羊成群，是我国最大的牧业基地。可是，历史上由于这儿野狼成群，对牧业的发展构成严重的威胁，为了保护人畜的安全，当地牧民曾经组织过大规模的猎捕野狼活动，使野狼的数量锐减，剩下为数不多的狼再也不敢以草原为家，以牛羊为食，统统搬到深山老林里去了。野狼不见了，畜牧业空前发展，在牛羊种群不断增加的同时，野兔以惊人的速度发展起来，野兔和牛羊争食牧草，草原难以承载，导致草场急剧退化，使草原面临沙化的危险。

事实使人们认识到，食物链的任何一个环节一旦出现了问题，灾难也就快要降临了。野狼在饥饿的时候，固然偷猎牛羊，但在正常情况下，野狼是以野兔为食的。从这一点上说，是野狼控制了野兔的繁殖和发展，避免了野兔和牛羊争食的现象，保证了草原的正常生态环境。当牧民认识到这一自然规律后，对野狼也就宽容了许多，再也不谈狼色变、见狼就打了。

人类不仅是生物圈中的一部分，而且对生物圈中的各个生态系统起支配作用。人可以通过自己的努力保护各个生态系统，促进生态平衡；人也能够为了自身的眼前利益掠夺资源，破坏生态平衡。必须清醒地认识到，人类不能超自然而存在，保护生态平衡，也是保护人类自己，一旦生态平衡遭到破坏，危及整个生物圈，人类自身也在劫难逃。

资料来源：http：//ks. cn. yahoo. com/question/1307011417759. html

三、动态性平衡

平衡并不意味着保持自然界的老样子不变，而是动态的、相对的平衡。绝对的平衡是“死寂”，也是不存在的。世界是物质的，物质是运动的，物质以运动为存在形式，平衡以运动为本质属性。客观世界是在不断运动变化中的，一个生态系统之所以在相当长的时间里是相对均衡、稳定的，是因为在这个生态系统中，各种生物之间，甚至整个自然环境中的各种因素，都是相互作用而运动变化着的。“平衡—打破平衡—恢复新的平衡”是自然界演化发展的基本趋势。即使群落发育到顶极阶段，演替仍在继续进行，只是持续时间更久，形式更加复杂而已。这就是说，自然客体在不同层次和不同发育阶段，在无人为严重破坏的条件下，只要与其空间条件要素相适应，系统内各组成部分得以正常发展，各功能得以正常进行，系统发育过程和趋势正常，这样的系统就是平衡的系统。物质运动使自然客体表现为大体的或者基本的平衡。由于原始物质先天存在的势差，因而是要不断地进行势态调整的，物质运动中也是始终存在着许多不平衡的因素的。当物质在运动中，不断调整各种物质力量的格局而形成绝对均势，逐渐克服不平衡的因素而达到瞬间的绝对平衡状态时，物质运动又回到新的相对平衡状态中。在这种动态平衡的状态下，生态系统的结构与功能相互依存、相互作用，从而使之在一定时间、一定空间范围内，分别通过制约、转化、传递、补偿、反馈等作用处于最优化的协调状态。

物质运动必然导致平衡，形态各异的客观事物都是物质运动平衡的体现，无不带有平衡的特点。正如水总是从高处流向低处运动以维持着水系统的平衡，水和陆地之间通过陆地为水提供洼地这样的存在空间和水变成气体最终变成雨、雪等回到陆地这种物质形态的流动维持着水陆之间的平衡。上一节中关于物质的循环和能量的转换无一例外的都是物在运动的过程和结果，这成了自然客体在运动变化着且导致平衡的佐证。由于物质运动是在一定的时空下发生，所以相应地，动态性平衡则表现在运动空间上的平衡和运动时间上的平衡。其一，空间上的完整性构成平衡。物质所组成的任何一种客观事物都有多维空间，有四维容积，三维体积，二维面积等。事物通过运动而形成其存在时的完整性，即事物在运动空间上的平衡。如太阳系，正是太阳和其他行星（包括地球）的相互之间力的作用下运动空间的均衡，于是生成了今天的太阳系、八大行星和其他小行星，并出现不停地围绕太阳旋转又同时自身也在不停自转的局面，形成了一个平衡统一的太阳系统。其二，时间上的完满性构成平衡。任何事物的存在都表现为一个过程，有其从开始到结束，历经起点、中点和终点的阶段。这也是事物运动的周期。每完成一个周期，运动形式即圆满结束，这种圆满即为平衡。世间一切事物，无不以动态性平衡的形式表现自己，无不以动态性平衡的形式存在。因此，客观事物都是物质运动平衡的产物，动态性平衡又成为客观物质世界的基本状态。

第一自然自不必说正是如上的情况，第二自然也不例外。它是在人的干预下，遵循着“平衡—不平衡—新的平衡”规律发展的。物质在运动和发展过程中，由于有了人的参与，结成了更加复杂庞大的不计其数又相互联系的物质系统。这个物质系统的平衡，是该物质系统内部打上人的烙印了的各种力量的均势和谐调。这一系统在自然运动或者人为干涉中，内部要素发生运动紊乱或者相对于周边其他系统的力量衰弱或增强时，系统内部或者系统之间的力量对比失去了均衡，不平衡因素不断进行量的积累，当达到一定程度时，就会打破它们原初的相对平衡而形成新的格局。这时候，系统内部各种物质通过运动自动调整各力量及其同其他系统的关系，不断趋向一种新的平衡。正如一座建筑物，建成后基本是平衡的，由于风吹、日晒、雨淋和地质变动等原因，使其发生倾斜，当倾斜超过该建筑物重心时，建筑物自身的力量（如水泥、钢材等加固因素）不能再继续维持其平衡，建筑就会轰然倒塌，变成一堆瓦砾，瓦砾状态的出现又是一种新的平衡状态。就这样，物质运动不断将平衡打破，然后又形成新的平衡，平衡—不平衡—平衡，周而复始，永不停止。因此，平衡是物质运动的结果，动态的平衡贯穿于客观物质世界事物发展的整个过程中。

第二节　协调：人与自然的本质联系

在人类的长期进化中，人与自然之间已经形成了相对稳定的生命联系。人类是自然界的一部分，人类的起源是自然界通过对漫长的基因进化进行选择之后的结果，而不是自身主观努力的结果。即使今天掌握了高科技的人类，也无法预见、改变和决定自身的进化方向。人自身的活动完全被纳入自然的生态循环过程中，此时人尽管与其他动物不是完全相同的层次，但大体看来，可以说和其他动植物是一致的，都是进行一种利用物质和能量的流动的生活方式。生态系统从一种状态或快或慢地转变为另一种状态的承载限度，来自于某个或多个关键生态因子的强烈或微弱的附加改变，而“人的生产也不能置于自然关联之外”，“即便人的最精巧的发明，也是由于其本身的可能性包含在自然基础里面”，就是说，“人们的实践只能顺应自然本身去行动，即只能改变自然物质的形式”[①]。多少年来，人类一直保持着相对稳定的生活状态，而且也适应了这种状态。人们对于阳光、空气、气温、湿度、水分、食物等都有一个“适应度”，即人自身的生态阈值。物质转换过程中若超出了阈值，打破了这种适应度，就会不和谐，不但自身的身体生理状况不协调（导致疾病甚至无法生存），和自然之间的关系也变得不稳定。

一、人自身的自然与外部世界之间的协调

人周围的生态系统内部各个组成部分之间有着内在的和相对稳定的联系，这些内在联系形成生态系统的相对平衡和秩序。同样，人自身与其周围生态环境之间的联系也是相对稳定的。对人来说，自然是先在的、既定的，人不能随意地选择环境。所以，在漫长的进化过程中，人是本能地从不适应到适应的，主要是通过五官主观地对来自环境的刺激做出反应。人一开始并不完全适应，于是不适应者就被自然淘汰，适应者也是通过内身起了变化而达到适应、使自身与自然和谐的。高寒地区的人们耐寒、酷热地区的人们耐热等人类特性的形成，就是人自身要求适应自然，与自然和谐的结果。长此以往，人们对于阳

---

① ［德］施密特．欧力同，吴仲译．马克思的自然概念［M］．北京：商务印书馆，1988：77.

光、大气、温湿度等外部自然都有了一个“适应度”的阈值，并且因地而宜。空气中氧气含量的多少，阳光中紫外线的强弱，食物中各种营养成分的比例等对人自身的自然来说都是一定的。如：高温就使人中暑，高寒又使人伤寒。就是说，假如让哈尔滨人来北京生活，会觉得北京的冬天太热；让海南人来北京，会觉得北京的冬天太冷。因为他们已经分别适应了当地寒冷（比如零下40摄氏度）和炎热（比如零上40摄氏度）的气温，超出了这个阈值范围，人就会不适应自然而使人与自然变得不够和谐。那么，人自身自然的生命规律就要求人与自然必须和谐。

其一，人体生理节律的形成与自然息息相关。人自身维持生存有一个生命的规律，比如正常的人体体温平均在36℃～37℃之间，超出37℃就是发热，38℃以下是低热，39℃以上是高热。在进化过程中，人体的生长、发育、脏腑气血功能及运动变化规律随着时间的变化而变化。《内经》云：“五藏者，所以参天地，付阴阳，而连四时，化五节者也”“人以天地之气生，四时之法成”“人与天地相参也，与日月相应也。”还有，在高温环境中，人体为了加强散热，周围血管扩张，80%～90%水分经汗腺排出，排尿自然而少；冬季为了防止体温散失，周围血管收缩，汗液排泄减少，60%～80%水分由肾脏排出。这些生理变化都是跟外部自然的时空变换相联结的。其二，人体生理功能的发挥与自然密切联系。构成人体各个层次的生命物质，都是由自然界中的元素组成的。英国科学家汉密尔指出：“除了人体原生质中的主要组成部分碳、氢、氧、氮和地壳中的主要组成成分硅以外，其他化学元素在人体血液中的含量和地壳中这些元素的含量分布规律是一致的。”这说明，人和地壳物质保持着一种自然的平衡，如果破坏了这一平衡，就会影响人类器官生理功能的发挥导致疾病甚至死亡。[①] 例如，人体氮元素摄入过多会得糖尿病而缺氮又会血糖下降而浑身乏力；碘元素摄入过多会造成碘源性甲亢而缺碘又会引发甲状腺肿大的疾病；人体吸收的氧气就需要维持在一个固定的范围，高空大气缺氧就会使人有高原反应，甚者会对大脑有危害。这就是人体自身环境的承载能力问题。可见，人自身自然的生命过程就是不断调和人自身的自然与外部自然和谐的过程。防止过度和不及是人自身自然的要求。

要想在生物圈中生存下去，人自身就必须同周围自然界的物质进行交互转换。人是靠天地之气的滋养，按四季生长规律而生长壮大，又是同自然界进行

① 梅常庆等．人与自然关系的哲学思考［J］．锦州医学院学报，1994（6）：4.

着种种物质能量交换，受到自然的影响和制约的。一方面，人类从自然环境提取自己所需要的物质材料以供养育自身的生命；另一方面，向自然环境反馈人自身的能量以供养自然环境，必然将产生的废弃物（包括由人的消费生活产生的废弃物和由生产过程产生的废弃物）排向自然环境，经过生态系统中的分解者所分解，以被其他生物吸收和利用、被自然环境所还原和吸收。只有如此两个过程——吸收与排放，才能真正形成人与自然之间的物质循环和物质代谢，这是人与自然之间相互作用的必然生态过程，也是人类参与自然活动的必然过程。理论和原则上这两个过程应该是相互之间等价的，但事实上的不等价引发了人与自然不和谐的种种事端。

首先，丧失了有益于人自身安全生产的清洁环境。人类住区的不良、不清洁已经威胁到了劳动者健康和持续发展。马克思早就揭露过工厂中的大量不清洁的恶劣现象，并且指出这种现象直接损害着人自身的安全和健康。他曾引用一位医生的话写道："毫无疑问，伤寒病持续和蔓延的原因，是人们住得过于拥挤和住房肮脏不堪……这些住房供水不良，厕所更坏，肮脏，不通风，成了传染病的发源地。"① 他还写道，"人为的高温，充满原料碎屑的空气，震耳欲聋的喧嚣等，都同样地损害着人的一切感官"②。这样一个生存、生产环境如何能让人自身可持续发展下去呢？

其次，危及人类基本生存条件。每当能量从一种状态转化为另一种状态时，我们会"得到一定的惩罚"。这个惩罚就是我们损失了能在将来用于做某种功的一定能量。正如马克思在谈到人类最基本的生存条件——土地时说，"在一定时期内提高土地肥力的任何进步，同时也是破坏土地肥力持久源泉的进步"③。在人和土地之间的物质变换中，取之于土地的多，而还之于土地的少，损失了土地持续利用的能量。焓增熵减是人自身与自然平衡作用的或然补偿，而增减无序引来了地球体系的物质循环和能量转换的紊乱，破坏了人类的生存条件。要想在生物圈中持续生存下去，在物质和能量方面就必须和其他生物处于同等的水平以达到均衡态。由于人类处处都在直接或间接地利用太阳能孕育的植物，于是从每个人的能量代谢来看，在数值上就完完全全和一头大象相等，可以说，"一个人相当于一头大象"④。在工业时代出现前的自给自足的

① 马克思．资本论·第1卷［M］．北京：人民出版社，2004：762.

② 马克思．资本论·第1卷［M］．北京：人民出版社，2004：490.

③ 马克思．资本论·第1卷［M］．北京：人民出版社，2004：579～580.

④ 数据来源：［日］松井孝典．1万年後の人間圏［J］．《SINRA》，新潮社，1998（5）．

社会中，人类排放的废弃物基本上都能够被自然环境还原到自然的循环中去，可是这么巨大而又继续膨胀的消费量，致使人自身自然与外部自然交互转换的两个过程失衡。尤其是进入工业时代以来，人类一直在与自然之间进行的是一种单向性的价值交换，自然所消耗的价值量（包括质量和数量）都没能得到等量补偿，导致人与自然之间的物质循环发生了中断。

物质循环是在生产者、消费者和分解者之间不断地无限地进行，但它并不是原地的、简单的、回归的循环，而是螺旋式的上升循环，是一种结构、功能、格局、过程等多维的整合循环。其中承载着各个物质进化的信息反馈，也包含并实现着吸收与排放两种行为过程。物质循环发生中断的情形往往是由于人类的排放过多。排放，从生态学意义上说，就是每一个“物品”在满足了人们某一方面的需要以后变成“废品”的过程。它是一种自然性行为，即自然生态系统中的一环。要排放，就要先去向自然索取、加工，去开发、利用自然，然后再完成把“废物”消费到自然界中的排放行为，需要用自然的吸收来买单。现实中，人类排放诸如电池、含磷洗衣粉等的行为都带来了深层次的环境问题。以电池为例，据相关资料称，一节1号有汞电池能使1平方米的土地完全丧失农业利用价值；一粒纽扣电池能使600吨水完全丧失饮用功能。我国已成为世界生产电池的第一大国，而且每年都以惊人的速度增长着，由电池的排放所带来的污染也随之快速递增。可见，自然的吸收与人类的排放不对称会造成重大的生态环境负效应，成为更大的生态环境系统中的扰乱因素。

人类生态圈的存在所引起的环境问题、能源问题、粮食问题和人口问题等课题自然向我们的文明存在形式和现代技术工具投来疑问。人自身自然和外部世界之间的物质交换只有持续地进行并发展下去，人类才能永恒地生存在地球上。

二、人类社会与自然界之间的协调

人类作为自然界的一个物种存在于地球之上，其生存和发展所依赖的基础当然就是自然界。如果自然界的生态平衡崩溃了，那么和谐的人类社会是不可能建立的。人与自然之间的协调又关乎人与人之间的公平，人与自然平衡关系的目的和出发点是人与人关系的平衡。人与人之间表现为人际关系——不同阶层群体之间，代系关系——当代与后代之间，区际关系——东部和中西部之间，以及利益集团之间的关系等。这些关系是处于一种什么样的状态呢？是互相损害还是互利共享？这直接关系到人类社会是和谐还是动荡。马克思说：

“活动和享受，无论就其内容或就其存在方式来说，都是社会的，是社会的活动和社会的享受。自然界的人的本质只有对社会的人说来才是存在的……只有在社会中，自然界才是人自己的人的存在的基础。”[①] 他还更为深刻地指出：“社会化的人，联合起来的生产者，将合理地调节他们和自然之间的物质交换，把他置于他们的共同控制之下，而不让它作为盲目的力量来统治自己；靠消耗最小的力量，在最无愧于和最合适于他们的人类本性的条件下来进行这种物质交换。”[②]

就人类社会而言，人与自然关系表现为人类社会经济活动与生态环境之间的普遍矛盾。一方面，经济增长是人类社会发展的客观要求；另一方面，平衡稳定是生态系统发展演替的客观要求。所以，在人类社会的发展历程中，处理好人类及其社会特别是其经济活动与自然界的关系是非常重要的。

第一，人口的数量关系到人类社会协调发展的自然支承。从人类总体角度上说，要把人类社会的水平控制在地球承载能力范围内。承载力最早在生态学中用以衡量某一特定地域维持某一物种最大个体数目的潜力，现在成为用以限制发展的一个最常用的概念，用以广泛说明环境或生态系统承受发展和特定活动能力的最大限度。有科学家研究得出，人类的数量最大限度理应不超过1000万人。可是，我们现在的人类生态圈，已经有了67亿多的人口。在进入20世纪的100年间，人类圈至少扩大了4倍。20世纪初期，世界人口只有15亿人，可是到了21世纪初的现今，已经到了67亿多人的程度。如果以这个速度继续增加下去的话，再过2000年左右，人类的总重量就等于地球的质量。有人推测，到21世纪中期，世界人口将超过100亿。如果是由10亿人组成的人类圈，保持现在的繁荣程度可以延续1000年。可是，如果世界人口达到了100亿，充其量只能维持100年的时间。“在系统处于平衡稳定的条件下，系统的整体性作用通过结构来控制和决定要素的地位、排列顺序、作用性质和范围的大小并统帅各个要素的特性和功能，协调着各个要素之间的数量比例关系等。”[③] 当今人类是地球大系统的一员，人口的发展就要受到地球空间的大小与能源、物质的总量的限制，涉及耕地与森林面积、可用水量与氧气量、能源与资源数量等许多方面。专家们估计，地球极限养活人数为100亿，而最佳生存环境需将人口控制在50亿以内。对于我国，极限养活人数为14亿，最佳生存

---

① 马克思恩格斯全集·第42卷［M］．北京：人民出版社，1979：121～122.

② 马克思恩格斯全集·第25卷［M］．北京：人民出版社，1974：926～927.

③ 乌杰．系统辩证论［M］．北京：人民出版社，1991：146～147.

环境应为7亿以内。人类对地球的影响既取决于人口的多少，也取决于人类社会人口平均使用或消费能源及其他资源的多少，虽然可以借助于技术增大承载能力，但往往又是以减少生物多样性繁殖或生态功能为代价的。由于自然系统自身的更新或对废弃物的完全吸收是有极限的，所以人类对这种承载能力的增大在任何情况下都是不可能无限地获得的。即使将来人类社会能脱离地球到宇宙空间中去组建或者人类的寿命能超过太阳系的寿命而在太阳系消亡之前就迁移到别的星系上去生存，新的空间环境系统也仍然在人口数量上对人类社会的规模施以影响和制约。

第二，生态的平衡关系到人类社会有序发展的自然基础。从整个社会来说，生产力水平的发展不能脱离生态的平衡水平。生产力水平及其发展状况，是影响人类社会建立、发展的主要因素。众所周知，社会化大生产条件下的生产力发展水平不同于小农经济条件下的生产力发展水平，即使在同一社会的不同发展阶段，生产力发展水平也是有差异的。差异的生产力水平下所体现出的人类社会建立和发展基础的水平也是不同层次的，因为这个生产力水平就是为人类社会的发展提供自然基础的。若生态平衡，那么这个生产力水平就会不断提高，其发展就会不断升级，那么为人类社会所提供的自然基础就越发牢固。如果我们基本保持一个生态平衡的状态，那么我们就有可能继续在这个生态环境中生活和生产；如果我们失去了生态平衡的状态，那么人类及其社会赖以生存的自然基础就不存在了，乃至使得全人类能够达到一个共同文明高度的人类社会也将不存在了。国际社会十多年来的发展实践重心就是重构经济发展模式以缓解人类社会与生态系统之间在资源供给、环境容量等自然基础方面的尖锐矛盾。对于我国来说，防止“环境贫困”，在更高的层次上推进社会公平，缩小发展差距，十分必要。我国中东部的发展对于西部的生态依赖是显而易见的。西部的水电开发成就了中东部的经济腾飞。开发生态环境过程中，对于江河上游、中游和下游关系的安排、对于西部生态脆弱地区的补偿、对于水源栖居地居民搬迁赔偿等问题的处理，如果没有健全的生态补偿制度和合理的生态补偿标准，那么就极有可能引起移民、企业和国家三者之间的利益冲突，激发社会矛盾，导致社会不安。从整体来讲，只有从战略上和根本上把握了人和自然之间关系的和谐，在不超出生态服务功能提供给我们的服务价值的范围内，资源节约型、环境友好型社会以及社会主义和谐社会，才能得到彻底的实现，人类社会才有了坚实的自然基础和持续的发展可能。

第三节　“报复”：凸显和谐要义

近年来，人们在为社会快速发展，经济突飞猛进，科技日新月异引吭高歌的同时，也为面临严重的资源匮乏、能源危机、气候恶化、物种灭绝、臭氧空洞等生态环境问题倍加愁闷。之所以产生上述种种的全球性环境问题，是因为人类以统治者、征服者的身份向自然界肆意索取、掠夺，结果违反了自然规律。这也是自然规律对人类限制的表现，是自然的惩罚与报复行为。这种惩罚和报复显示了“自然的生态权力”（nature's ecological power），即“是指针对人类引发的生态环境参数的偏离，自然界纠偏而导致的对人类行为的制约、选择甚至是强制的自然力量”[①]。在科学上，如果一个系统的演变过程对初态非常敏感，人们就称它为混沌系统，那么客观世界对人类不尽自然情的作用表现出一种“报复”的行为，而且这种敏感行为不是在人类的作用后立即显现的，而是经过不等长的一段时间后或迟或早地表现出来的，反映出报复的时日滞后性。所以说，人类要保护环境是自然平衡的规律和要求，即使是在人类不合乎规律的干预下，自然也在以报复的敏感行为方式继续寻找着自身的平衡点。需要指出的是，并不能将自然的报复与不可知论或者自然不可超越的万物有灵论相提并论。其实，自然的“报复”只不过是一种拟人化的说法，去掉“报复”拟态的色彩，更确切意义上讲，描述的是人与自然之间的“因果反馈”，以此警示我们尊重客观规律，时刻注意调节人和自然的关系，为解决生态危机服务。

一、环境承载力的阈值

每个自然生态系统有着它自身的承载稳定的限度阈值点或阈值带。假设某地相对空气湿度在44.7%～53%区间将有利于当地植被生存，若高于53%或低于44.7%将严重影响植被生存。那么，44.7%和53%便是其阈值，是保持植被良好生存的关节点。这是可以经过科学研究而量化的情况，还有不能计算出其具体值域的情况。外部自然环境的承载能力集中体现在资源数量的供应能

---

① 叶平．生态哲学的内政逻辑：自然（界）权利的本质［J］．哲学研究，2006（1）：92～98．

力和对于人类抛弃废弃物的净化能力上。

第一，自然物质资源是有限的。人们利用现代技术工具可以每天挖煤几十吨，煤的生成速度已经赶不上挖的速度，那么终有一天会出现见底儿的情况，能源危机时刻必定危及人类生存。再如前一节所讲到的碳的闭循环过程，整个过程中，碳循环的速率大体保持平衡，但随着利用现代技术工具的现代工业的快速发展，人类大量开采化石燃料，极大地加快了二氧化碳的生成速度，打破了二氧化碳的固定速度与生成速度大致相等的局面，引起了大气中二氧化碳浓度增高的温室效应。现代技术工具如此可怕，反映出了紊乱的确系人类经营活动和文明获得方式超过了环境承载能力的生态阈值所致。

第二，环境本身是有自净限度的。在外来干扰条件下，自然系统通过自我调节可以恢复到原来的稳定状态，就是说，大自然系统具有一定的自平衡、自净化、自调节的再生能力，这叫“同化能力”，即自然界“能及时地吸收、净化、转换人类借助于科学技术对环境所造成的有限的影响，而不至于出现全球性生态环境的改变”① 的能力。拿森林系统来说，在净化生态方面，它能吸收毒气，净化空气，是天然净化器和吸尘器。据测定，15 亩阔叶林在生长时期，每天吸收 1000 千克二氧化碳，放出 900 千克氧气；1 公顷云杉林 1 年吸灰尘 300 吨，其他如松林、榆树等许多树木都有很好的吸尘、过滤的本领。水生态也有自身的环境承载能力，过去的人们面山临河而居，在河畔洗衣、伐树、生火、排泄，这种生活方式并没有污染河流，是由于水自净化的结果。此时森林系统的吸附净化能力和水自净承载能力同人类生活的施压恰如其分。而当工业废水、废渣不断排放到河流之中，工业废气持续堆聚于森林生态之中，超过了同化能力限度之时，量变积累到了一定的程度，质变就发生了，污染和不平衡的状况便出现了。再如塑料，这些用途小到我们生活中经常使用的小塑料袋、塑料盆等，大到国防中的飞机、火箭等已广泛渗透到国民经济和人民生活的各个领域的塑料，生产它的时候排放出大量有毒气体造成大气污染，消费过后丢弃它的时候又在自然环境中难以降解、腐烂，而世界塑料年总产量现已超过 1.7 亿吨，这给本来就对它的“消化”不良的环境造成了莫大的承载压力，形成了“白色污染”。总之，若是外来干扰过大，超出了外部自然本身的调节能力，突破了外部自然承受的关节点，就必然导致生态问题。因此，除非人类对

① 刘冠军，张玉春．科学技术的异化及其克服：全球性生态环境危机的根源及其解除［J］．人文杂志，1998（4）：18～21.

资源需求消费的水平能降到环境承载力的阈值以内，否则，人类生存持续性是不可以保持的。“如果我们将管理其他物种时所寻求的法则用于管理我们自己的生活，我们就应努力在我们的总影响与我们估计地球环境所能承受的能力之间留下一个比较大的安全间隙。因为，我们知道存在着这样的极限，但我们并不能肯定，究竟准确在哪一点上我们就可能达到这些极限，这个问题就变得更为主要。更重要的是要记住，我们不仅仅是在寻求生存，而且是要让几十亿人的生活质量得到持续改善。”[①] 须将生物与自然之间（包括人与自然之间）的物质变换控制在一个适度的范围内，使之不至于打破它们之间的相对平衡状态。

二、自然界“报复”的启示

自然的生态阈值被人类攻破了以后，生物与自然之间（包括人与自然之间）的物质变换就变得不再稳定，人类内部自然与外部自然之间的物质能量交换的不稳定必然招来外部自然对人类的惩罚。人类肆无忌惮作用于自然的行为固然打破了自然界原有的平衡，惹来了自然报复性“行为”的爆发，这说明自然界自身、人与自然、人与人，人自身内与外，在时空两无限中，根本属性是和谐的；一时畸形，事出有因。可见，主客体的和谐统一、人与自然的和谐共生是自然界本身发展的客观要求。

（一）自然的报复表现为生态危机

人的自然属性决定了人类同其他生物一样，人类要发展首先就要解决衣食住行等生存问题，以其地理位置的不断扩张和向自然索取获得更多的物质资源为其生存特征。通常人类对自然的作用能够刺激自然的发展，是有助于形成生态动态平衡的。但自然界内在的生态规律稳态机制暗示我们，在人类的索取权利和大自然的生态权力之间是存在一个标准的界限的。超过这个界限，人类的活动就要受到自然生态权力的惩罚。例如，20 世纪 30 年代，在美国西部大平原地区出现的巨大黑风暴，使成千上万人无家可归、流离失所；1993 年 5 月 5 日，我国“5・5”西北黑风暴；1998 年，松花江及长江等流域发生的震惊中外的特大洪灾；2009 年，60 年不遇的北方大旱；2010 年，百年不遇的西南特大旱灾等极端天气频繁发生（参阅专栏 4-5），还有以前风吹草低见牛羊的景象

---

① 世界自然保护同盟等．保护地球——可持续生存战略［M］．北京：中国环境科学出版社，1992：31.

被沙化得荡然无存、过去那条丝绸之路的繁华地带已被风沙覆盖……这些生态问题都是自然报复的例证，是人类在实现目标的过程中未遵守客观规律的结果。自然稳态规律界限一旦被人为打破，失调的自然生态就几乎是不可复原的。如地下水和土壤的污染，由于污染的消解过程极其缓慢，至少在人类生存的时间限度内不可能被消解。说到底，自然的报复还是人类自身行为后果的表现形式。

专栏 4-5　全球气候变坏　极端天气频发

2010 年第 39 个“世界环境日”的主题是“多样的物种，唯一的星球，共同的未来”，中国主题是“低碳减排，绿色生活”，号召公众从我做起，推进低碳减排，践行绿色生活，为建设生态文明、构建环境友好型社会贡献力量。时至今日，越来越多的人开始关注气候变化引发的多种灾害。

最近几十年来，世界热带气旋活动频繁，飓风和台风横行施虐，与公元 1000 年前后的情况十分相似。究其原因，一方面，在于地球正处于千年来的又一个热带气旋高发期，与千年一遇的飓风活动高峰有关；另一方面，是全球变暖的影响，海洋表层水温上升致使热带气旋活动增加。据统计，大西洋一年的飓风通常为 8 次左右，可是在 2005 年却出现 15 次之多。

由于东太平洋海域水温异常升高，厄尔尼诺现象可以在全球范围内引起风暴、干旱和其他反常的天气变化，能让本来潮湿的地区变得干旱起来，也会使原来干旱少雨的地区洪水泛滥。然而厄尔尼诺现象本来并非一无是处，它的一个积极作用是可以造成风速和风向突然变化的强烈的垂直风切变，从而对飓风产生抑制作用，减少大西洋上飓风发生的次数。在受厄尔尼诺现象影响的年份中，对美国进行肆无忌惮袭击的飓风平均每年造成的损失为 8 亿美元，而与厄尔尼诺现象相反的拉尼娜现象造成的损失则多出一倍，高达 16 亿美元。

统计数据表明，2009 年 6 月 1 日至 8 月 2 日，我国有 355 个气象站点的测量数据达到了极端高温事件标准，67 个站点的日降水量达到了极端强降水事件标准。极端天气气候事件的发生是气候周期变化的结果，极端天气的发生和某一个时段的环流异常或海温异常有关。在全球持续变暖这个气候大背景的作用下，极端的高温事件增加了。因为温度升高，大气的对流活动加强，强降水和冰雹等天气多了起来。

研究证实，日最高温度每上升1℃，天气便会引起很大的变化，直接影响人类的活动。如果这上升的1℃正好超越了某个“界限温度”，那么对人的生活和健康影响就更大了。“界限温度”指的是当地居民对气候舒适的“感觉上限”，随地理纬度不同而各异。以美洲为例，加拿大蒙特利尔的居民“界限温度”较低，习惯于凉爽的夏天。当气温上升到29℃以上，生病和死亡的人数便会增加。到了美国南部的达拉斯，终年气候温热，在气温超过39℃时才会引起生病率和死亡率的上升。在我国东南地区的上海和广州，“界限温度”为33℃。在气温低于33℃时，温度的变化不至于使生病和死亡的人数增加。如果超过这个“界限温度”，广州当日的死亡人数便会上升大约10%。而上海人不如广州人耐温，当日的死亡人数会上升28%左右。值得一提的是，人体感觉舒适的气候条件是包括温度、湿度、风速等的综合效应。如果仅指温度一项，人们一般感到较为舒适的区段为16℃～25℃。

联合国政府间气候变化专门委员会发布的第四份气候变化评估报告预测，从现在起到2080年，全球平均气温将升高2℃～4℃。所造成的灾害和恶果将触目惊心：饮用水可能遇到问题的人有11亿～32亿，面临饥饿威胁的人有2亿～6亿，每年沿海地区可能遭受洪涝灾害的人有2亿～7亿。

气候变暖的客观事实不容置疑，20世纪中期以来全球平均气温的升高，已经对全球许多生态系统产生负面影响，生物多样性降低的趋势就是其中的一个突出的例子。国际自然与自然资源保护联合会的一份研究报告指出，有1/3的两栖动物、1/4的哺乳动物和1/8的鸟类正濒临灭绝。

世界自然基金会近日发布一份报告，预测全球海平面高度将在2100年前上升1米以上，这一数字大约为联合国等先前预测的两倍。报告说，这一预测把格陵兰岛和南极西部冰原融化考虑在内。海平面急剧上升可能导致沿海地区遭洪水袭击，影响全球1/4的人口。

世界自然基金会说，北极气候变暖本身可能成为全球变暖的“引擎”，原因是北极冻土带和湿地含碳量为空气中的两倍。研究发现，北极地区变暖速度为其他地区的两倍左右，导致海冰锐减。这不仅对极地气候产生影响，而且还会改变其他地区的气候条件。例如，欧洲和北美洲届时将遭遇隆冬，而格陵兰地区则会因海平面上升和湿度剧变迎来暖冬。

资料来源：人民网 2010-6-4

事实证明，“资本主义农业的任何进步，都不仅是掠夺劳动者的技巧的进步，而且是掠夺土地的技巧的进步，在一定时期内提高土地肥力的任何进步，同时也是破坏土地肥力持久源泉的进步”[①]。也“可以毫不夸张地说，从来没有任何一个文明，能够创造出这种手段，不仅能够摧毁一个城市，而且可以毁灭整个地球。从来没有整个海洋面临中毒的问题。由于人类贪婪或疏忽，整个空间可突然一夜之间从地球上消失。开采矿山如此凶猛，挖得大地满目疮痍。从未有过让头发喷雾剂使臭氧层消耗殆尽，还有热污染造成对全球气候的威胁”[②]。前面讲过自然整体性平衡的道理，那么在人的干预下变得不平衡了之后自身就要通过推翻和破除人的干涉以达到稳态，这个过程表现为“报复”。这也是自然生态权力对人们不顾生态规律盲目改造自然的制约和强制的表现。“自然界正是以这种剧烈报复的形式暗示自然界的生态权力有内在稳态机制和对人类的控制，反映了自然生态权力的不可侵犯性。”[③] 现代的人们，大都自觉不自觉地陶醉于人类对大自然的胜利，常常把自然界当作异己来对待，乃至当作自己的奴仆，于是就有了许多惊天动地的口号，如人定胜天、征服自然、向地球开战、做大自然的主人等。他们常常忘记了在自然界面前曾经打过败仗，更没有注意到即使打胜也会遭到自然界的报复。[④] 马克思也提醒人类留心自然报复。他在农业问题的论述中体现了他的警觉：“耕作的最初影响是有利益的，但是，由于砍伐林木等，最后会使土地荒芜。”[⑤] 就是说，耕作如果自发地进行，而不是有意识地加以控制，接踵而来的就是土地的荒芜，就像波斯、美索不达米亚、希腊等地那样。恩格斯也指出：“美索不达米亚、希腊、小亚细亚以及其他各地的居民，为了想得到耕地，把森林都砍完了，但是他们梦想不到，这些地方今天竟因此成为荒芜不毛之地，因为他们使这些地方失去了森林，也失去了积聚和贮存水分的中心。阿尔卑斯上的意大利人，在山南砍光了在山北坡被十分精细地保护的松林，他们没有料想到，这样一来，他们把他们区域里的高山牧畜业基础给摧毁了；他们更没有想到，他们这样做，竟使山泉在一年中的大部分时间内枯竭了，而在雨季又使更加凶猛的山洪倾泻在平原上。”

如今，进入工业社会以后，在商业利益的驱使下，上述发生在农业社会的

---

① 马克思．资本论·第1卷［M］．北京：人民出版社，2004：579～580.

② ［美］阿尔温·托夫勒．潘琪译．第三次浪潮［M］．北京：生活·读书·新知三联书店，1984：187.

③ 叶平．生态哲学的内政逻辑：自然（界）权利的本质［J］．哲学研究，2006（1）：92～98.

④ 陈昌曙．自然辩证法概论新编［M］．沈阳：东北大学出版社，2001：83.

⑤ 马克思恩格斯全集·第32卷［M］．北京：人民出版社，1974：53.

这一幕幕也仍旧在上演并且有过之而无不及。以热带雨林为例，印度尼西亚的热带雨林是世界上仅存的三片热带雨林之一，树木繁茂、河流蜿蜒，不仅是红毛猩猩的重要栖息地，还是苏门答腊虎的最大避难所之一。至今，这里还发现无数新的物种，堪称生命的伊甸园，被誉为“生态天堂”。无数野生动物和当地土著居民和谐共居。1982 年，森林占印尼廖内省的面积达 78%，但到了 2010 年，仅仅过了 28 年的时间，这一数字就减缩到 30%。是何种原因令持续了亿万年的雨林生态和谐在短短时间内止步呢？一切的原罪都在于它们——一望无际、千篇一律的棕榈树林；一切的罪恶更在于他们——经营棕榈油产业的商业公司。当雨林遭遇棕榈，其结局只能是这样一场悲剧。不一定所有的人都见过棕榈树，但一定食用过棕榈油，因为世界上所有的方便面基本上是用棕榈油炸制的。这种棕榈油就是用棕榈树的果实压榨出的油脂。由于棕榈油的价格只相当于油脂的一半左右，因此在商业利润的驱使下，棕榈产业无度膨胀。商业公司为了获得种植棕榈树的土地，不惜一切清扫原始森林，大量雇佣印尼当地农民无节制地砍伐或焚烧参天大树。原木树木被摧毁后，接替他们的是棕榈树林，如此千人一面、万口一腔。由于不具备与杂木林同样的造氧能力，单调的棕榈树林不能成为野生动物的家园。从棕榈油种植园流出的废水导致鱼类中毒死亡，给当地人的饮食带来直接影响。所有以上发生的一切，都是为了能榨出棕榈油的棕榈树果实。目前，棕榈油在世界油脂总产量中的比例超过 30%，马来西亚和印度尼西亚这两个主要生产国的棕榈油产量占全球总产量的 80% 以上。印度尼西亚的原始森林因为大肆种植棕榈树所遭受的创伤更为致命。原始森林是庇荫世界上所有人的伟大力量，还会为我们提供生活生产用品，本应为“天然氧气室”的印尼，如今却成为世界第三大温室气体排放国。由于热带雨林的土壤有机质分解快，养分含量低，植物的高生长速率是依靠快速的物质循环来实现的，枯枝落叶或死亡的植物个体在分解过程中释放的养分很快被活的个体所吸收利用，所以一旦热带雨林被破坏，分解的有机体释放的养分不能被其他个体所吸收，就会随着雨水迅速流失，留下贫瘠的土壤，从而很难重新恢复森林。

因此，人类一切实践活动都必须在一定生态阈限内和固有的自然规律下进行，正如马克思指出，不以伟大的自然规律为依据的人类计划，只会带来灾难。也正如恩格斯曾经明确告诫过我们的一样：“我们不要过分陶醉于我们人类对自然界的胜利。对于每一次这样的胜利，自然界都对我们进行报复。每一次胜利，在第一线都确实取得了我们预期的结果，但是在第二线和第三线却有了完全不同的、出乎预料的影响，它常常把第一个结果重新消除。”[①]

（二）自然的报复体现出平衡需求

人为什么总是受到自然界的惩罚？从价值关系上来分析，人在自然界中处于主动地位，而自然的结构、自身形式和功能是一定的、客观的，当人类非要违背自然规律去改变其结构和功能而为人所用，为人造福时，当对自然的索取超过自然的承载能力时，当人类的行为对自然的破坏程度进一步加深时，自然就会对人类施以报复，并通过改变人之外周围的环境达到平衡。这样一来，人在自然界中就转而处于被动的地位，只能被动地接受自然界还给人类的一切灾难。

自然的生态权力内在于地球生态系统中，是一种在整体水平上的生态平衡的调节机制。通常情况下，局部生态系统与环境输入输出的物质、能量和信息基本上保持平衡，建立在局部生态系统之上的自然调节机制所发挥的作用并不明显。但是，一旦局部生态系统内的动态平衡被破坏，经过食物链的快循环传递和地球化学的慢循环传递就会使局部生态破坏的效果被放大，使涨落超过自然阈限，这时局部系统内在调节机制失灵，便触发更高层次的系统调节机制发挥作用。这种在整体水平上的生态调节机制往往表现出对破坏生态平衡的生物活动的制约甚至是强制。例如，历史上恐龙的灭绝，有可能是恐龙种群失去天敌的控制导致种群大发展，最终因食物短缺引发疾病而受到自然生态权力的惩治。[②]

自然本身是一个运转协调、平衡稳定的生态系统，在这个系统内，组成系统的各因子彼此能够保持良性循环的发展态势，从而不断推进自然的进化过程。我们既然承认人类是一种生物，人类从其他动物进化而来，人类属于自然界，那么，我们就必须承认人类的起源也是受到自然规律的支配。如果认为作为自然界一部分的人类的起源是受到超自然规律的支配，那么实际上就是否定了自然的协同进化过程。人类虽是另一动物物种，但本质上还是受自然生态权力的控制。歌德说过：“大自然是不会犯错误的，错误永远是人犯下的。”不管人类出于好的动机还是坏的动机改造自然环境为己所用，只要没有超过自然机制界限，自然生态权力就不会对人类实施强制；而一旦超过界限，自然界一定

① 恩格斯．自然辩证法［M］．北京：人民出版社，1984：304～305.

② 叶平．生态哲学的内政逻辑：自然（界）权利的本质［J］．哲学研究，2006（1）：92～98.

会在适当的时候或重或轻地惩罚人类。人为活动的人化现象是有自然限度的，当人类活动造成的排泄物超过了生态系统的同化能力，使环境被破坏得已濒临自我修复的极限之时，自然就反作用于人类给以报复，造成了环境污染。表现为身外自然的生态危机和身内自然的各种疾病和生死大限。如：淮河水污染的严重情况已经将身外自然和身内自然的两种危难并容了，给人带来的是触目惊心的震撼。

再以河南省为例，坐落在淮河支流的沙颍河畔的河南省周口市沈丘县石槽乡孙营村，全村1600人，根据村委会对全村死亡情况的统计，从20世纪90年代开始的14年间，该村共死亡205人，年平均死亡率达到8.2‰，而该村以往的自然死亡率在5‰左右，死亡率明显偏高。因癌症去世105人，占死亡总人数的51.5%，成为中国癌症村。在淮河支流沙颍河、卫河、洪河、黑河沿岸，黄河支流文岩渠沿岸，大沙河沿岸，可以说癌症村分布星罗棋布，这都归咎于一条被污染的河。村民饮用的水都是V类或者劣V类。正是这条污水河，把原本山清水秀的村庄，变成了癌症高发村。该村所属的周口地区曾是名噪一时的“皮都”，造纸、酿造、化工等也是淮河流域的主要行业，它们是经济发展的标杆的同时，更是排污大户。河道里长期积留的污水难以排除，污水顺流而下，地表水和地下水是互相渗透的，这些高污染、富含各种致癌物的水，通过发达的沟渠逐渐渗透到地下水系统，而农户自家的压水井深度一般为7米至10多米，从而导致村民们平时饮用的压水井里的水，大部分是被污染了的浅层地下水。据当地人反映，自20世纪90年代以来，压水井里压出的水混浊不清，能看到明显的杂质；有些地方的水，黏性特别大，能像油一样流成细线状；水烧开后，水壶上会留有厚厚的一层水垢；即使开水也苦涩难咽，喝下去后喉咙会发麻。河水几乎变成黑色，看到更多的是层层白沫从上游翻滚而至，空气中弥漫着一股恶臭的惨烈之气，还有一种面目狰狞、失去生气的荒凉。现在河里已经没有什么鱼了。不仅是鱼活不了，而且人的皮肤在水里稍微泡久一点，都会发痒甚至溃烂。

自然在经受着人类的不温柔所带给身外自然的重重危机的挑战，人类也在承受着自己的不温柔所带给身内自然的种种危难的考验。SARS的盛行，禽流感的爆发，似乎都向人类昭示着对自然的不温柔会惹来自身的毁灭。自然在用自己的方式寻求着平衡，表达着对人类的控诉。我国新疆的楼兰古国，曾是水草丰美的美丽家园，由于当时的人们大量砍伐山林，使这块美丽的绿洲，变成了不适合人类居住的不毛之地，变为荒芜的沙漠。表面上看来是自然界对人类行为的报复与惩罚，实质性要旨是自然界通过多种物质力量的形式重新排列和结构重新组合进行的局部调整，使得这一地区的物质运动的方式和方向发生彻底性、根本性的变化，其实，风沙的出现本身就是一种新的结构的平衡。

自然界的如上这种调整，是必然的、合理的，是物质的整体性、规律性和动态性平衡所致，只是对于当地的人来说，是自然灾害，是一种严厉的自然报复与控诉。这种控诉又并非即时即地地显现，而是经过数年甚至数十年之后才发生，造成表面上似乎与人类这一活动无关的假象，需要人“后知后觉”。我们现在开始的行动需要很长时间可能是 40～50 年，才会对未来的环境变化产生影响，同样，我们现在所看到的自然的变化情况也是之前我们的行动在经历了这么长的时间以后产生的影响。所以说，自然对人类活动开具罚单的行为具有时日滞后性和空间转嫁性。

其一，报复首先在彼时此地。凡是违背“协同性”的生物，无论是动物、植物还是人类，都或迟或早地要受到自然生态权力的惩治。例如，砍光山上的森林开垦为农田，并不会马上就引起当地的水土流失，而是经过一段时间，少则一年多则几年。在这方面，最具有说服力的典型是巴西热带雨林移民工程的例子。1970 年，巴西政府为了均衡巴西人口的分布，也希望到这里定居的人能够借助雨林肥沃的土地发财致富，就在马托格罗索州开垦了荒原，接着挥师向北，通过热带雨林，一路毁林开道，来到亚马逊河边。在这一大规模的移民工程实施的 20 年之后，即到了 20 世纪 90 年代，荒原上有一半以上的土地被焚烧、推平，变成了牧场和农田，但是当地新农庄的移民确实是深知这一工程的失败之处——他们开展毁林种香蕉的结果是：“第一年长出的香蕉有 2 英尺长，第二年的香蕉有1 英尺长，第三年的香蕉只有 6 英寸长，第四年呢？香蕉根本就没有长出来。”[①]

其二，报复随后在彼时彼地。任何一个地表的变化，都可能会引起一系列连锁反应的气候与环境的变化，在当地发生之后，又会随后在他地显现。长江、黄河、澜沧江河源地区地处青藏高原腹地，是我国江河中下游和周边地区生态环境安全和区域可持续发展的生态屏障。近些年来，由于自然因素与不合理的人类活动影响，“三江源”地区的生态环境不断恶化，不仅严重影响和制约了当地各民族人民的生存与发展，而且上游水量的大幅度减少成为黄河断流

---

① Seitz, Olson, Sigurd, F., 1980, Reflections from the North Country, New York: AlfredH. Knopf Seitz, John L., 1988, The Politics of Development, Basil Blackwell Inc., p130.

频率增加的重要原因之一，危及了中下游地区的经济与社会的可持续发展。所以，自然的“报复”表现为转嫁于彼地的诸如南方冬季雪灾、春夏洪涝和东北与西南交替大旱等自然灾害以及自然质量下降、生产能力倒退等的生态危机来“报复”人类。

为了解决人口的吃饭问题，人类必须借助现代传统技术，以“气吞山河”的气势，“敢教日月换新天”的雄心壮志，改造自然、征服自然，但鉴于自然固有的生态平衡受到破坏，自然界的结构严重受损所带来的深重灾难，人的活动须深切体悟到应时有节的禁忌：“立春之日……禁伐木，毋覆巢杀胎夭；立夏之日……毋兴土功，毋伐大树。……劝农事，驱兽畜，勿令害谷。”“土润溽暑，大雨时行，利以杀草，粪田畴以肥土疆。”“树木以时伐焉，禽兽以时杀焉。”“春三月，山林不登斧斤，以成草木之长，夏三月，川泽不入网罟，以成鱼鳖之长。”“数罟不入夸池，渔鳖不可胜食。”“斧斤以时入山林，材木不可胜用。”“孕育不得杀，壳卵不得探，鱼不长尺不得取，彘不期年不得食。”正如恩格斯对于每一次我们的胜利都会遭到自然界报复的这种情况，提出了一个非常深刻的思想：“学会认识我们对自然界的习常过程所做的干预所引起的较近的或较远的后果。”[①] 并且还主张对人类的生产行为所产生的这种较远的自然和社会影响进行“控制和调节”。基于人类活动对自然的影响在时间上有着滞后性，我们现在的行动乃至在今后 10 年、20 年的行为将对 21 世纪后 50 年和 22 世纪乃至更长时间以后的自然生态产生深远的影响。那么，为了避免在现在和未来数十年甚至更遥远的时间里产生非常严重后果的风险，以自然生态权力机制作用于自然就必须被看成是一种投资成本，必须按照自然本质规律和平衡机制来行事并谋求发展。人为地破坏环境，屡屡再犯，大自然才发出阵阵怒吼，人类还有漫长的路要走，不管前途有着因“违天”而形成的多少恶果，受到了怎样的报复和惩罚，亡羊补牢，犹未晚也，这样，人与自然和谐共生的画面就一定可以成为美好的实景。

---

① 马克思恩格斯选集·第 4 卷 [M]. 北京：人民出版社，1995：384.

第五章　人与自然和谐共生的现实维度

在社会危难和生态危机显现的今日，在人们利用有效资源去实现某一目的的全部实践活动中，作为指导人们进行经济社会发展的并对于人们的经济实践活动乃至整个生活状态具有重要作用的根本理论在人与自然和谐共生的关系中发生了根本变革。随之而来，自然生态要素被逐步融入生产领域，并且“人与人之间的社会斗争逐渐地同化了人与自然的斗争或者换句话说，人们用以把自然资源转变为满足要求的物品的机构越来越被视为一种政治冲突的重要对象”①。目前，“人与自然和谐共生”正引导发展观念、经济模式、政治过程、社会万象和科学技术这五大方面发生着生态化的巨变。

第一节　发展观念的生态化变革

人们在不断认识自然、思考自己的过程中，以从哲学角度诠释人的发展所形成的思想为依托，形成了对当代世界经济政治社会生活中的一个使用率颇高的术语——发展的总的看法和根本观点。

社会危难和生态危机的加剧促使人们开始审视传统的发展观，从而导致了发展观的变革——可持续发展理论的产生。可持续发展观本质上就是一种生态发展观，它唤起了对发展问题更为全面、准确和科学的理解，特别是重视发展的道德价值，使之与发展的效率原则结合起来，共同推进人类的美好生活。

一、传统发展观经历了由单一经济增长到发展生态化倾向的过程

传统发展观主要表现为一种狭隘、片面的发展观。生态危机产生的现实基

① ［加］威廉·莱斯．岳长龄，李建华译．自然的控制［M］．重庆：重庆出版社，1993：19.

础就是经济社会的片面发展。这种发展观也经历了一个由经济增长论到人类发展观再到综合发展观的过程。

经济增长论源于第二次世界大战以后，伴随着发展经济学和战后殖民地国家的民族独立解放运动而兴起。因为战后初期最为迫切的任务便是世界各国的恢复经济以及参战国家的经济重建，特别是广大的亚非拉发展中国家在获得政治独立后振兴经济、消除贫困和改变国家经济落后的面貌，所以，发展主要立足于经济层面。这个时期，一些西方学者根据对发达国家的经验总结，认为只有促进经济增长，落后国家才能实现追赶发达国家的目标。

于是，发展被认为只等同于经济的增长，并以工业的增长为唯一标准来衡量一个国家或地区发展水平的高低，形成了以国民生产总值（GDP）的增加为核心目标并予以热烈追求的传统发展理念。基于这一发展观，人们主要关心的是人均国民生产总值的增长数量，“经济发展问题实质上就是通过增加人均产出来提高国民收入水平，使每一个人都能消费得更多”[①]，并把人均国民生产总值增长率的提高主要归于资本积累和工业化。许多研究者和决策者都认为，欠发达国家之所以欠发达，主要困难在于资本不足。要从“发展中”阶段变为“发达”阶段，就要刺激人均国民生产总值的增长率，实现经济增长。资本积累和工业化是发达国家一直以来实现持续增长的唯一法则，因而发展中国家实现经济增长必须效仿西方发达国家的资本积累和工业化。

在这种以社会物质财富的积累为目标的发展理论引导之下，人类在第二次世界大战以后50多年的时间里创造了历史上前所未有的增长奇迹：日本、西欧等资本主义国家和地区先后进入经济的“黄金时代”，经济得到迅速增长，其工业化水平也达到了相当高的水平，机器装备、钢铁、矿业以及传统的制造业达到新的顶峰；发展中国家依靠内向发展和进口替代型的工业化方针也使得人均国民生产总值的增长率不断上升，实现了经济上的独立。

可见，以经济增长为核心的发展观对迅速积累财富起到了积极的作用。然而与此同时，失业人数和贫困人口的数量却一直在增加，并出现过度城市化、政治动荡、分配不均、贫富两极分化、社会腐败、生态危机等一系列高增长下“有增长无发展”的现象和新问题。这些问题被《1996年人类发展报告》分为以下五类：一是无工作的增长（jobless growth），指经济增长没有导致就业率的同步增长；二是无声的增长（voiceless growth），指经济增长没有促进民主

① ［澳］因茨·阿恩特．唐宇华，吴良健译．经济发展思想史［M］．北京：商务印书馆，1997：56.

与自由的同步扩大；三是无情的增长（ruthless growth），指经济增长反而导致贫富差距增大；四是无根的增长（rootless growth），指经济增长缺乏文化支撑，压制少数民族和种族的文化和语言，往往导致民族和种族冲突甚至演变为残酷的战争，给人的生命造成威胁，而且经济的萧条也使人民生活水平下降；五是无未来的增长（futureless growth），指经济增长导致自然资源枯竭、生态破坏和生物多样性毁坏以及人类居住环境恶化。可见，问题源头在于增长却没有导致人类发展。人类发展主要体现在人的健康水平、文化知识水平、收入水平、就业水平、参与公共事务水平等的提高，这当然需要社会总产品的增加，需要经济增长。没有经济增长，这些能力的提高是有难度和限度的。但是，有了经济增长，不等于就自动地导致人类发展。正如上面五类情况的增长就没有带来人类发展，于是人类发展观在学术界逐渐流行起来，人们开始注重人类发展并探讨经济增长与人类发展之间的关系，促使发展的目标从单纯的经济增长转到人类发展上来。

实际上，马克思早在一百多年以前就重视发展中人的因素了，提出要把经济社会发展与“人的全面而自由的发展”联系起来并不断关心人的物质生活、社会生活和精神生活的全面自由发展。1971 年，发展学者德尼·古莱（Denis Goulet）从人的角度研究了发展的核心价值问题，指出发展的本质即生存、自尊和自由。1983 年，法国经济学家和社会学家佩鲁在《新发展观》一书中提出了新发展理论——“整体的”“内生的”“综合的”发展，强调真正的发展就是要把“人的个性”潜能解放出来以合理地发挥，并且各种文化价值在经济增长中起着根本性的作用，所以人必须有美好的“文化价值”。1998 年，诺贝尔经济学奖获得者阿马蒂亚·森在《以自由看待发展》一书中，把发展聚焦于人类的自由、选择、权利与福利。发展被他看作是一个扩大人们享有真正的自由和权利的过程、一个与个人自由和社会承诺紧密联系的过程，就其本性而言是自由的增长，即自由既是促进发展的重要手段更是发展的首要目的。其中经济自由是核心，主要包括几种在经济发展中发挥直接作用的基本自由，即政治自由、公民权利、经济设施、社会机会、社会透明度和安全性。这几种基本自由被经济主体运用的结果是实现经济发展和人类自由的前提，也是发展的重要内涵。西方学者们还分析了人类发展和经济增长相辅相成的关系：为增进人的健康和提高人的文化知识水平进行的投资不仅可以促进人的发展，同时也会促进技术进步与劳动生产率的提高，从而推动经济增长，经济的增长又带来人的全面发展和社会总福利水平提高的效应。

人类发展观的提出，使发展过程中对数量增长的关注转变到对人本身的关心，把人类自身的发展作为发展的目标和手段进行探讨，其独特意义在于强调人本身的权利和目的，杜绝把人仅仅视为人力资源这类单纯的手段，反对不顾一切地追求最大增长率，但是它过于片面单纯地强调人自身的发展是目的，视增长仅为手段，一切以人为中心，以不惜损害非人类存在物乃至整个社会生态系统的代价来顾全人类的发展，陷入了人类中心主义的怪圈。于是，人与客观世界相协调的综合发展观在《新发展观》一书的“整体的”“内生的”“综合的”新发展理论的基础上逐步形成了，这标志着发展观向生态化的一个飞跃。

综合发展观将人与自然、人与人、人与组织、组织与经济、经济与政治的协调作为发展主题，把发展看作是以民族、历史、技术、生活、资源、环境等内在条件为基础的综合发展过程，是经济社会各方面包括经济增长、政治民主、社会转型、文化水平、生态平衡等各种因素在内的综合协调发展的系统工程。

其一，美国学者率先发动了一场“社会指标运动”，提出了建立包括经济、政治、社会、生活、文化、环境等各项指标在内的新的发展价值体系。法国学者罗兰·柯兰提出把包括技术系统、经济系统、政治系统、家庭系统、个人社会化系统、思想与宗教系统等六大方面的“社会进步指数”作为衡量社会、政治和文化现象的综合指标。联合国第二个发展10年(1970—1980年)报告指出：发展已不再是单纯的经济增长，增长只是表明产出的增长和生产速度的加快，而随着产出增长和生产速度加快而出现的生产、分配、就业、消费等社会结构的变化和社会制度、体系的变革以及社会福利设施的改善应予以更多的重视。一句话，发展既包括GDP的增加，也包括社会经济结构的变化和人民生活质量的改善，即发展＝经济增长＋结构转变。正如著名发展经济学家汉斯·辛格指出的：“发展是增长加变化，而变化不单在经济上，而且还在社会和文化上，不单在数量上，而且还在质量上……其主要概念是人民生活质量的改善。”①

其二，社会资本论者从社会资本角度掀起了比较制度研究并强调社会资本对经济增长的贡献。他们认为，制度和经济行为存在于复杂的社会关系（包括文化传统、价值观念等）中，从微观经济层面上应该看重的是社会资本改善市场调节的功能；从宏观经济层面上应该考虑的是制度、法律框架、政府干预。

① ［德］H. W. 辛格．社会发展：最主要的增长部门［J］．国际发展评论，1965（3）：5.

世界银行的研究报告指出："……能够对高质量增长起积极作用的力量来自于强化一个国家里的非正式机构，即所谓的社会资本。"[①] 社会资本理论使人们对经济增长动力系统的认识不再仅仅局限于土地、劳动和资本等传统经济因素，开始关注一个社会的非经济因素（文化和规范）对经济增长的重要推动作用，为社会发展的研究开辟了一条新路。

综合发展观的提出，表达了人们对客观世界和社会全面发展的要求，这无疑是对社会发展问题的理性思考。然而，事实证明，这种综合发展观既没有使发展中国家摆脱贫困，也没有给社会带来进步和发展。原因是其等式中经济增长仍是主题和目标，而结构转变的根本目的是消除经济增长的障碍以创造经济增长的条件。它虽然提倡注重资源、环境等生态问题，但还是考虑人及其社会的发展多一些，以致在经济发展中既不考虑生态环境的物质承载能力，也不考虑经济增长对自然的影响，把地球看成了一个取之不尽、用之不竭的"原料库"和"垃圾场"。

早在19世纪，马克思和恩格斯就对其狭隘片面性和生态破坏性进行了批判：综合发展观之所以成为资本主义社会占主导地位的发展观，就在于它迎合了资本主义的剥削制度。资本家追求剩余价值和自私自利的短视行为使机器大工业推进社会生产力发展的同时也造成了资本主义条件下人对自然多样性的剥夺，"其目的是使自然界（不管是作为消费品，还是作为生产资料）服从于人的需要"[②]。这样，人的行为必然具有生态破坏性。其次，综合发展观所综合协调的依然是人及其社会当代的发展，既未将生态环境纳入社会的发展当中，也未真正考虑人与自然、社会发展与自然进化的关系，更未考虑到后代人的发展空间问题。就这样，面向后代与未来的发展观也就成为人类必然的历史选择。发展理论向可持续方向的转变彻底地实现了发展观资源生态型的转化和飞跃。

二、可持续发展观实现了发展观向生态化的变革

"可持续发展"是对生态环境问题与人及其社会发展之间相互关系的现状和前景进行全面把握的发展理论。20世纪60年代到80年代，全球性生态危机对人及其经济社会的永续生存和健康发展构成了直接威胁，人们不得不对现代工业经济模式的弊端进行认真反思，不得不将社会经济水平、资源管理能力、

① Greif, A, 1994 Culture Beliefs and the Organization of Society: A History and Theoretical Reflection on Collectivist and Individualist Societies. Journal of Political Economy. Vol102, No5.

② 马克思恩格斯全集·第46卷（上）[M]. 北京：人民出版社，1979：393.

环境价值观念和人类福利待遇等一系列问题纳入到一个统一的框架之中。1980年3月，联合国大会第一次在其制定的《世界自然保护大纲》中使用了“可持续发展”的概念。1987年2月，以挪威首相G. H. 布伦特兰夫人为首的世界环境与发展委员会（WCED）在《我们共同的未来》中正式提出了这个概念的定义：“可持续发展”（Sustainable Development）是既要改善人类的生活质量，又不超过生态系统的承载能力；既要满足当代人的需求，又不对后代人满足其自身需求的能力构成危害的发展。[①] 1992年6月，联合国在巴西里约热内卢召开环境与发展大会，通过了《里约环境与发展宣言》和《21世纪议程》等5个重要文件，这标志着可持续发展观作为人类迈向21世纪的共同发展战略被持不同发展理念的世界各国所普遍认同。1994年3月，我国国务院正式批准颁布了认真履行1992年联合国环境与发展大会的行动纲领——《中国21世纪议程——中国21世纪人口、环境与发展白皮书》，针对我国环境与发展领域的重大问题进行研究，指出了我国的经济发展必须建立在人口控制和人口质量提高的基础上，建立在资源节约、环境保护和生态改善的基础上，才能实现经济、社会与自然的协调发展。这促进了我国可持续发展的进程，说明了中国的环保事业开始全面走向世界，并为我国实施可持续发展战略制定了指导方针和基本原则，同时也表明了我国在解决环境与发展问题上的决心和信心。

可持续发展作为完整的理论，包括了罗马俱乐部的“增长极限论”和美国物理学家赫尔曼、经济学家朱利安·林肯·西蒙的“无极限的增长论”，以及联合国第一次“人类与环境会议”通过的《人类环境宣言》中的相关共识，还有美国经济学家K·波尔丁的“循环经济理论”。《增长的极限》一书作为“罗马俱乐部”的代表作，表达了增长极限论者从人与自然的和谐角度看待发展的态度，认为人类应停止增长、限制工业生产、抑制技术带给生态环境的破坏、减少地球资源消费量，并指出：世界的经济增长在今后100年内的某个时期将达到自然生态极限，原因在于地球是有限的，人类生活的空间是有限的，资源是有限的，地球吸纳消化污染的能力也是有限的。在发展过程中应考虑资源环境的最终极限对人类发展和人类行为的影响、注意经济增长与资源环境的协调、不能过度消耗资源及破坏环境。尽管增长极限论也有一定的局限性——即它注重增长、资源和环境三者的相互关系，忽视了人类主观能动性和技术进步对经济社会发展的巨大促进作用，但其关于人与自然关系的观点还是得到了世

---

① 世界环境与发展委员会．王之佳等译．我们共同的未来［M］．长春：吉林人民出版社，1997：52.

人的广泛认同。

针对《增长的极限》一书对发展持悲观态度的缺陷，美国物理学家赫尔曼于1976年发表了题为《第二个2000年》的报告，经济学家朱利安·林肯·西蒙教授于1981年出版了《没有极限的增长》一书。在他们看来，在一定的历史时期，一定的自然、社会、技术等因素的限制下，可供人类利用的资源是有限的，而科学技术的进步是无限的，会使能源枯竭和环境污染得到补偿，即使当前人口的增长不断引发环境问题也会有这样的前景：众多的人口会与强大的经济相结合产生出更多的科技知识创造者，从而使人们能够依靠科学技术抵御、控制威胁自己生存环境的各种因素并挖掘出供人类开发和利用的新能源。因此，世界经济不会是零增长，还将继续发展。

1972年，联合国在瑞典首都斯德哥尔摩召开了第一次“人类与环境会议”，通过了《人类环境宣言》，达成了发展的同时还要注意保护和改善环境、考虑其对环境带来的后果；人类是环境的创造物和创造者，应当为实现求得世界未来良好的这一环境目标共同承担责任等共同的观点。另外，在可持续发展理念中作为其最大技术支撑的循环经济理论倡导以“储备型经济”“休养生息式经济”“福利量经济”和“资源→产品→再生资源的循环式经济”取代过去传统的“增长型经济”“消耗型经济”“生产量的经济”、和“资源→产品→废弃物的单向式经济”，以“减量化、再利用、资源化”为操作原则，在“人—科技—自然”的系统中利用科技促进生态系统的自我修复，依靠资本循环、劳动力循环、资源循环推进经济的发展，并提倡物质的适度消费，是对“大量生产、大量消费、大量废弃”的传统增长模式的根本变革。

总而言之，可持续发展观的上述理论相对于传统发展观，革新之处在于把生态环境纳入到人及其社会的发展中，并首次将生态尺度引入到衡量发展水平高低的标准之中，成为评价发展质量的指标之一，使人们由原来对自然的征服转向人与自然的和谐共生。可持续发展观所指称的“发展”是以“自然—人类”的和谐为前提，追求当代人之间的公平与协调、顾及代际公平，即不是一个地区、一个国家的问题而是一个范围更大的国际性问题，不是一代人、一个人眼前利益的问题，而是一个子孙万代永续地利用环境及资源的更长远利益的问题。它在充分认识人与自然、人与人之间关系的基础上，看到了生态系统与人类社会发展的相互依赖关系以及生态环境对人及其经济社会的发展的制约性和发展对环境巨大而深远的影响。这大大地超越了传统发展观的狭隘性，是发展观向生态化的突破，是人们从动态平衡的角度对环境与发展、人与自然之间矛盾关系的深刻认识，其本质上是一种生态人本主义发展观——以人类为生态系统内的主导，同时兼顾作为人类生态母体的生态系统的完整性、稳定性和有序性，尽管这样可能会以人类眼前利益的一定损失为代价。是否具有生态发展观念和在多大程度上具有构成了检验主体在行动上是否真正实现可持续发展的标准，科技、经济、政治等因素又构成了与可持续发展的实现程度相关联的基本范畴。人类由于特有的实践行为使之在建立主体与客体关系时具有能动性，于是人类可以通过积极主动的社会活动，以恢复人与自然之间的生态和谐关系。《里约环境与发展宣言》说得好："人类处于普受关注的可持续发展问题的中心。他们应享有以与自然和谐的方式过健康而富有生产成果的生活权利。"[①]可持续发展观把发展的道德价值与效率原则共同列为衡量发展质量的双重标准，正是人类积极实践活动的表现，是科学的、进步的发展观。

三、科学发展观强化了发展观的自然生态取向

纵观发展观演进的历史，从追求经济增长的数量到注重人及其社会成长过程的质量，发展观的本质经历了由以物为中心到以"人—社会"为中心再到以"人—自然"这个生态整体为中心的转变，使得发展的效率原则与道德价值得以有机统一。经过了30多年改革开放和现代化建设的中国，同样也经历了发展观如上的各个变革阶段。中国的社会发展已迈入全面建设小康社会的新时期，从1989年到2009年，中国的国内生产总值增长了近20倍，经济总量已居世界第3位，人民生活总体上实现了由温饱到小康的历史性跨越。然而，中国在经济快速增长的同时，也在环境和社会发展上付出了沉重的代价。据世界银行（2000a）统计，中国20世纪80年代和90年代年平均GDP增长率为10.1%和10.7%，在世界上206个国家和地区之中分别居第二位（仅次于中非资源国博茨瓦纳）和第一位；但同时，世界银行数据库（2000b）公布的中国自然资产损失也是十分惊人的：1985年我国自然资产损失占GDP比重接近20%，到1998年降为4.5%，但仍明显高于日本和美国。[②] 这表明，由于受到传统经济增长观的影响，中国可持续发展的能力还不强，经济社会发展与资源、环境之间的矛盾还很严重。如何解决日渐突出的经济社会发展与生态环境之间矛盾的问题成为当前亟待解决的重要问题之一。于是，中国特色的科学发

---

① 中国环境报社．迈向21世纪——联合国环境与发展大会文献汇编［M］．北京：中国环境科学出版社，1992：29.

② 胡鞍钢．我国真实国民储蓄与自然资产损失（1970—1998）［J］．北京大学学报，2001（4）：49～56.

展观在中国共产党人积极借鉴国外发展理论和科学总结社会主义现代化建设中经验教训的基础上逐步形成。

首先，早在改革开放初期，邓小平就将发展概念引入了中国的政治生活之中。他指出："正确的政治领导的成果，归根结底要表现在社会生产力的发展上，人民物质文化生活的改善上。"[①] "能否实现四个现代化，决定着我们国家的命运、民族的命运。"[②] 邓小平还提出了"现代化的任务是多方面的，各个方面都需要综合平衡，不能单打一"[③] 的科学论断，确立了以经济建设为中心，实行全面改革和对外开放以及三步走的战略方案，最终达到共同富裕，对中国的发展进程进行了科学规划。

以江泽民为代表的中央领导集体进一步深化了对发展问题的科学理解。在我国社会主义现代化建设的现实背景下，江泽民总书记提出"三个代表"重要思想，把发展提升到"党执政兴国的第一要务"的高度；在经济体制从传统的计划经济体制向社会主义市场经济体制转变、经济增长方式从粗放型向集约型转变及把可持续发展纳入中国的社会发展的理论背景下，党中央在十六届三中全会通过的《中共中央关于完善社会主义市场经济体制若干问题的决定》中，第一次对科学发展观的基本思想进行了完整的概括——"坚持以人为本，树立全面、协调、可持续的发展观，促进经济社会和人的全面发展"[④]。"统筹城乡发展、统筹区域发展、统筹经济社会发展、统筹人与自然和谐发展、统筹国内发展和对外开放。"[⑤] 把"统筹人与自然和谐发展"作为实现社会全面协调发展的一个重要方面和途径，以实现经济发展和人口、资源、环境相协调，坚持走生产发展、生活富裕、生态良好的文明发展道路，保证一代接一代地永续发展。它是科学发展观的根本价值指向。

以胡锦涛总书记为领导核心的党中央提出在进入新世纪新阶段深入贯彻落实科学发展观。"要求我们始终坚持'一个中心、两个基本点'的基本路线""要求我们积极构建社会主义和谐社会""要求我们继续深化改革开放""要求我们切实加强和改进党的建设"[⑥]。胡锦涛总书记在党的十七大报告中指出：

---

① 邓小平文选·第2卷［M］．北京：人民出版社，1994：128.

② 邓小平文选·第2卷）［M］．北京：人民出版社，1994：162.

③ 邓小平文选·第2卷［M］．北京：人民出版社，1994：250.

④ 中共中央关于完善社会主义市场经济体制若干问题的决定［N］．人民日报，2003-10-22（1）.

⑤ 中共中央关于完善社会主义市场经济体制若干问题的决定［N］．人民日报，2003-10-22（1）.

⑥ 胡锦涛．高举中国特色社会主义伟大旗帜为夺取全面建设小康社会新胜利而奋斗——在中国共产党第十七次全国代表大会上的报告［R］．北京：人民出版社，2007：16～17.

“进入新世纪新阶段，我国发展呈现一系列新的阶段性特征”，“科学发展观，是立足于社会主义初级阶段的基本国情，总结我国发展实践，借鉴国外发展经验，适应新的发展要求提出来的。”在党的十七大报告中还第一次明确地提出“生态文明”，把“建设生态文明”“在全社会牢固树立生态文明观念”列入实现全面建设小康社会奋斗目标的新要求之中，这不仅确立了生态文明建设在中国经济社会发展中的地位和价值，而且指出了生态文明建设的环节和目标。科学发展观正是指导生态文明建设、实现人与自然和谐共生的科学世界观和方法论。

其一，科学发展观立足于马克思主义唯物辩证法的发展观。它不仅把中国的发展置于整个世界互动与平衡的发展整体中，而且把中国的社会发展看成一个经济、政治、文化等社会结构中各要素和各层次之间相互关联而形成的合要求性、合目的性的共同、全面、协调发展的整体；不仅将社会本身的发展视为社会发展的变量，而且把生态环境作为社会发展的内在变量——强调人与自然、人与人关系的内在统一性，把生态文明的建设和人与自然和谐共生的要求纳入到社会发展的内涵领域中。这就使发展观更加彰显了生态人本主义精神，大大地拓展了人们对社会文明发展的认识视野。

其二，科学发展观面向于社会永续进步和完整发展模式的前瞻性未来。它不仅要求实现自然资源的永续利用和社会的永续发展而提出可持续发展的思想，而且要求建立实现和保证自然及社会可持续发展的长效机制和完整模式。正如胡锦涛总书记在中央人口资源环境工作座谈会上所说的那样，“可持续发展，就是要促进人和自然的和谐，实现经济发展和人口、资源、环境相协调，坚持走生产发展、生活富裕、生态良好的文明发展道路，保证一代接一代地永续发展”①。科学发展观包含经济、社会、政治以及生态环境、人类自身发展等多重价值目标。其中生态环境这一科学问题已经变成了一个社会进步与否的价值判断问题，它与其他目标之间相互作用和影响，从中得到了发展的效率价值与道德价值有机统一的反馈信息，进而变成了社会主义制度下对社会和自然关系自觉协调的一整套体制建设的问题。

如今，党的十八大将科学发展观这一中国特色社会主义理论体系最新成果确立为党必须长期坚持的指导思想。以习近平同志为总书记的党中央站在战略和全局的高度，为生态文明建设、为美丽中国建设，为中华民族永续发展的实

---

① 胡锦涛．认真落实科学发展观的要求切实做好人口资源环境工作［N］．人民日报，2004-3-11（1）．

现，指明了前进方向和路径。习近平总书记指出："建设生态文明，关系人民福祉，关乎民族未来。"并强调了生态文明建设的重要性和必要性，要"以对人民群众、对子孙后代高度负责的态度和责任，真正下决心把环境污染治理好、把生态环境建设好"。

发展既是一个历史过程，也是人类社会进步和美好生活的目标。而当今的中国在科技含量高、经济效益好、资源消耗低、环境污染少、人力资源优势得到充分发挥的新型工业化的道路上，在共同推进人类美好生活的目标中，科学发展观成就了中国对于发展观彻底地向生态化变革的世界性贡献，尤其具有预示性和进步性的意义。

第二节　经济模式的生态化转变

生产方式属于历史唯物主义的基本范畴，是人类向自然界谋取必需的物质生活资料的方式，是人们创造使用价值的生产过程。社会文明的发展有赖于社会生产方式的进步与发展，人类的每一种经济形态都是在一定社会生产力的基础上形成的，根据社会生产力发展的要求，在各个不同发展阶段创造出与之相适应的和有利于推动其发展的经济模式。生态危机的源头在于传统工业化生产方式，解决人类危难要求生产方式的变革，而人与自然和谐共生理念的基本要求就是要消除传统意义上的工业化的生产方式在环境上的消极后果。在这一要求下，生态要素被一步步融入生产领域，在生产中，自然因子始终被作为人类及其社会发展的基础和前提。人与自然和谐共生思想为最终实现"人—自然—社会"全面均衡发展，形成人与自然和谐、经济与环境协调的生态化生产方式提供了内在构架。低碳经济、循环经济便是在人与自然和谐共生思想引导下彻底实现生产方式的生态化转型的经济模式。

一、低碳经济是未来社会经济发展方式的全新变革

全球气候变暖对人类生存和发展构成严峻挑战，为了尽量降低温室气体的排放，保护环境，拯救我们共有的家园——地球，这就需要发展"低碳经济"，过"低碳生活"。"低碳"指较低（更低）的温室气体（二氧化碳为主）排放。"低碳经济"一词最早见于政府文件是在2003年的英国能源白皮书《我们能源

的未来：创建低碳经济》一书中。低碳经济是相对于传统的、以主要依靠燃烧化石燃料等不可再生资源为能源，以高耗能、高排放、高污染为特征的高碳经济发展方式而言的，低碳经济是以低能耗、低污染、低排放为基础的经济模式，虽然表面上看是气候变化问题引出的，实质上是人类社会继农业文明、工业文明之后的生态文明的又一次重大进步。

（一）“高碳”的后果

先来看看“高碳”给我们带来的现实后果吧。

冰川或称冰河，存在于终年冰封的高山或两极地区的极寒之地，是由大气固态降水积累、多年降雪再结晶积聚，经过变质作用演变而成的具有一定形状并能受自身重力作用沿斜坡缓慢运动或在冰层压力下缓缓流动的巨大天然冰体。这种大量冰块堆积形成如同河川般的地理景观，在南极和北极圈内的格陵兰岛上，覆盖范围较广。冰川是水的一种存在形式，是雪经过一系列变化转变而来的。全球70%的淡水被储存在冰川中。冰川是世界上最大的淡水库，也是地球上除了海洋以外最大的蓄水池，更是地球气候变化的寒暑表。由于大量的碳排造成了全球气候变暖，这一事实让冰川这个遥远而纯洁的圣者成了受害者之一。

自1850年小冰期结束以来，全球冰川开始发生退缩，这种退缩属于正常气候变化现象。然而近几十年来，特别是20世纪90年代开始，全球冰川呈现出加速融化的趋势。各个研究机构都在对世界气候和冰川的变化加以关注。2010年，世界冰川监测机构关于冰川融化的最新评估显示，冰川年消融速度是2000年以来的两倍。世界自然基金会最近发布了《北极气候反应：全球性影响》的气候报告显示，北极地区的气温升高速度是地球上其他地区的2倍，到2100年，全球海平面很可能因为冰川融化而上升1米以上，这是2007年政府间气候变化专门委员会预测结果的2倍以上。欧洲环境机构的研究表明，现在北极冰川的体积仅是20世纪50年代北极冰川体积的一半，也就是说，在短短的50年间，北极冰川已经融化了一半。该机构还预测，到2100年，随着海平面的上升，从伦敦到雅典将有400多万欧洲人面临着被洪水吞噬的危险，损失将达到2万亿欧元。联合国环境规划署发表声明说，从安第斯山脉到北极，冰川消融速度加快，其中欧洲冰川损失最为严重，其中包括阿尔卑斯山脉、比利牛斯山脉和北欧山区。该署研究人员还进一步指出，全球冰川正在以有记录以来的最大速率消融着的这一时段也正好是有记录以来全球最为温暖的10年，全世界冰川融化速度加快主要归咎于人类滥用煤炭、石油等燃料大量的碳排放引起的气候变暖。

科学家指出，海平面每上升 1 米，全球就将有 1.45 亿人的家园被海水吞没，并且预测：如果南极冰盖发生崩解，会引起全球海平面上升近 6 米；如果南北极两大冰盖全部融化，其结果会使海平面上升近 70 米；到 2050 年，全球大约 1/4 以上的冰川将消失，全球海平面将上升 50 厘米；到 2100 年 1/4 的数字可能变成 1/2。有数据为证：1980 年以来，世界冰川的平均厚度减少了约 11.5 米，仅 2005 年一年时间，世界冰川的平均厚度就减少了 0.5 米，2006 年该数字更是高达 1.5；1998 年以来，冰储备占世界 91%的南极冰盖有 1/7 的冰体已经消失；南极三个最大的冰川已减少了 45 米厚度；非洲肯尼亚山冰川失去了 92%；而西班牙在 1980 年时有 27 条冰川，现在减少至 13 条；欧洲的阿尔卑斯山脉在过去一个世纪已失去了 50%的冰川；在秘鲁利马地区，近年来冰川正以每年 30 米的速度消融，而在 1990 年以前，消融速度每年只有 3 米；在我国最大的冰川区天山，约有 22%的冰川体积在过去 40 年渐渐失去，其中天格尔峰 1 号冰川，从 1962 年开始的 30 年间退缩了140 米；在喜马拉雅山，有近 50 座冰川湖湖水水位迅速上升，有一条最大的冰川 75 年来已缩短了 300 多米，科学家预计，在未来 35 年间，喜马拉雅山冰川面积将缩小 1/5。由此可见，冰川萎缩的速度确实是相当惊人的。

随着气候继续变暖，冻土将会日益融化，并以惊人的速度向大气中释放出二氧化碳和甲烷等温室气体，这将进一步推动全球气候变暖进而推动冰川的消融朝着不可逆转的方向发展。冰川的加速融化与消退对环境和人类福祉有着极大的影响，全球冰川消融将带来洪水、泥石流、海平面上升等系列灾害。如喜马拉雅山冰川如此融化，在 5 到 10 年内，会使尼泊尔、不丹境内近 50 个冰川湖决堤而引发洪水泛滥；夏季冰川快速消融也会引发印度境内印度河、恒河水位上涨而造成洪灾。潜在气候灾害首当其冲的便是北极圈里的格陵兰岛。据测算，北极地区的格陵兰冰盖，自 1993 年以来，其南部和东部边缘正以每年 1 米的速度在变薄着，而这个全世界最大岛屿上的冰盖，每年约有 220 立方公里的冰融入海洋，也就是说，如今格陵兰岛上的冰雪融化每年造成海平面上升 1 毫米。也许每年 1 毫米的速度并不会引起人们的注意，但如果持续 100 年，再加上海水温度越来越高，到 2100 年，海平面或许会增加 1 米左右。这意味着，格陵兰岛的冰川消融对于一些沿海国家或地势较低的国家来说，不啻灭顶之灾——海平面上升，将淹没沿岸大片地区，使得居住在这些地区的占世界一半人口的居民不得安宁，“所有的沿海地区都将变成汪洋大海，美国纽约只能剩下联合国大厦和几座摩天大楼的楼顶，法国巴黎也许只能看到埃菲尔铁塔的塔顶，而荷兰、英国等几十个低洼国家将不复存在”[①]。

事实上，北极的“原住民”们已经在遭受冰川消融造成的生存危机，最有代表性的当属北极熊、三趾鸥和海象。冰山或冰块为它们提供最好的捕食场所或交通工具。它们需要利用海冰来抚养幼仔，利用这一安全的交通工具四处漫游，并可以将母体和刚刚出生的幼仔送到食物丰富的海域中，还以此为平台捕猎它们的主要食物。所以，没有海冰，它们在海上就无处立足，就不能捕到充足的猎物果腹而饿死，而且，许多幼仔将会淹死在由冰块大量消融而成的海水中。生活在格陵兰岛上的渔民也随大的冰块消失而发生了变化。因为近几年，他们房屋下面的“土地”已不再像几世纪以来那样全面结冰，而是开始解冻，使房子有坍塌的危险，进而使这片土地存在被淹没的危险。现在北极圈已经出现蟑螂、蚊子这样的昆虫，而这在以前是无法想象的。如果南北极冰川全部融化，对于海岸线长达 6000 多公里的中国来说，14 座沿海开放城市将全部沦陷，大连、天津、青岛、上海、杭州、厦门、广州、中国香港、中国澳门和深圳等城市将变成上半身是城、下半身是海的大陆架，京津冀地区的北京、天津、秦皇岛、唐山将沉入海底，江苏和上海消失，广州和深圳所在的珠三角平原被淹没，山东半岛将会形成两个岛屿……这就是我们一手制造的未来，每一次飞行，每一个汉堡，每一个碳能加工厂……结果就是这样。[②]

9 月 1 日，联合国秘书长潘基文在北极考察，当他看到一些冰川因融化而呈现光秃秃的面貌时，感到非常震惊。潘基文表示：“与世界上的其他地方相比，北极变暖的速度要快得多。我们必须立即采取行动来遏制这一趋势。”[③]

相反，由于世界上 60 多亿人口饮用冰川融水、依靠冰川水灌溉和发电，因此冰川过度消融会给人口带来淡水危机，甚至在水源稀缺的地区酝酿争水冲突。如果冰川有朝一日真的完全融化，不仅不可再生和恢复，而且人类将面临洪水与干旱同时来袭的危机命运。

因为谁都不想看到世界性灾害和人类悲惨命运发生的那一天，所以人类有义务和责任迅速采取切实有效的措施，遏制全球气候变暖，降低冰川消退的速度，要从现在开始努力减少二氧化碳和其他温室气体的排放，实现低碳经济。

---

① 陈素敏．全球变暖背景下的赤峰气候［N］．红山晚报，2009-6-5（C05）．

② http：//news. qq. com/photon/tpyk/bingchuan. htm.

③ http：//xmwb. news365. com. cn/xz/200909/t20090918_2469040. htm 9 月 18 日．

（二）“低碳”的探索

低碳经济实质是高能源利用效率和清洁能源结构问题，核心是能源技术创新、制度创新和人类生存发展观念的根本性转变。发展低碳经济是发展循环经济的最佳体现，在循环经济的目标中“最少的废物排放量”首先应该是碳排放量的最少化，所以低碳经济几乎涵盖了所有的产业和领域，已为国际社会所普遍接受和认同。

第一，低碳经济诞生于降碳减排的国际协议中。在气候问题备受国际社会关注的大背景下，从《京都议定书》到“巴厘岛路线图”再到《哥本哈根协议》，世界各国都在为降碳减排而努力。首先要从《京都议定书》的“碳汇交易”谈起。为了人类免受气候变暖的威胁，1997 年 12 月，《联合国气候变化框架公约》第 3 次缔约方大会在日本京都召开，会议通过了旨在限制发达国家温室气体排放量以抑制全球变暖的《京都议定书》。根据其“到 2010 年，所有发达国家二氧化碳等6 种温室气体（二氧化碳［CO_2］、甲烷［CH_4］、氧化亚氮［N_2O］、氢氟碳化物［HFC_S］、全氟碳化物［PFC_S］、六氟化硫［SF_6］）的排放量，要比 1990 年减少 5.2%”的规定，发达国家通过向发展中国家提供资金和技术，帮助发展中国家实现可持续发展，同时发达国家通过从发展中国家购买“可核证的排放削减量”以履行《京都议定书》规定的义务。这便是“碳汇交易”。如果把这种交易不只是局限在“碳汇”上，而是扩展到《京都议定书》所指定的上述 6 种温室气体上，那么这便是“碳交易”，又叫“排放权交易”。对于“碳交易”，有关专家提出了一个经典的比喻：在茫茫无边的大海上，行驶着一叶扁舟，上面坐着一个超肥大胖子和一个偏肥小胖子，由于负荷过重，小船随时都会有沉没的危险，这时大家找出了问题的关键，大胖子的体重是造成危机的主要原因，所以，必须限期减肥 100 斤！大胖子傻眼了，让我一下子减掉 100 斤谈何容易！最后终于找到了一个包括大胖子在内都能接受，又能减轻船体总重量的方案，就是如果大胖子无法达到减肥标准，可以采取帮助小胖子减肥的方法，仍然可以达到减重的总目标。这里的超大胖子就是发达国家，而偏小胖子则是发展中国家。“碳交易”获得多赢效应，发展中国家可以从发达国家得到资金、技术用于减排，而发达国家从交易中得到减排指标，从而实现《京都议定书》规定的减排目标，低碳经济便从降碳的契约中孕育而生，全球温室气体减排也由此取得实质性进展。

各国出于对全球气候经济市场和战略经济利益进行争夺的目的，2007 年

12月，联合国气候变化大会以备受瞩目的“巴厘岛路线图”落幕，“这是人类应对气候变化历史中的一座新里程碑”，为人类未来如何建立“更加公平有效的国际气候机制指明了方向”[①]。2009年12月19日下午，在丹麦首都哥本哈根落幕的国际气候谈判会议，就“后京都”问题达成新的全球减排协议，达成了不具法律约束力的《哥本哈根协议》。它维护了《联合国气候变化框架公约》及其《京都议定书》确立的“共同但有区别的责任”原则，就发达国家实行强制减排和发展中国家采取自主减缓行动作出了安排，迈出了新的坚实步伐，并就全球长期目标、资金和技术支持、透明度等焦点问题达成广泛共识。[②] 低碳经济是需要世界各国一起参加的伟大事业。只有发达国家和发展中国家共同实施低碳经济，才能提高越来越多的发展中国家人民的生活水平，才能保证在不降低发达国家人民生活水平的前提下，为人类发展提供足够的可持续的自然生态空间。

第二，低碳经济的提出是对天人关系在认识上不断升华的结果。中国传统天人合一思想是解决人与自然、社会之间矛盾的重要理论。如果地球上67亿人都按美国的生活方式消耗自然资源和能源，大约需要5个地球才够用。[③] 随着人类赖以生存的各种自然资本和能源资料稀缺甚至走向枯竭，生态危机、环境问题、气候变化等全球性日益凸显，都折射出了“一个地球不够用”的信号。西方人开始注重从东方思想，特别是中国的天人谐调思想中吸取营养，以解决当今世界由于工业化和无限制地征服自然而带来的环境污染、道德污染、生态失衡、心态失衡等问题。

低碳经济对于地球气候系统来说，意味着少排放包括CO_2在内的温室气体，以减轻温室效应、减缓气候变化及其带来的各种气候灾难；对于世界能源系统来说，意味着提高能源利用效率，多利用可再生能源，保证能源安全；对于人类经济系统来说，意味着建立从高碳走向低碳，从低效走向高效，从传统发展走向科学发展的生态文明；对于国际社会来说，意味着构建同舟共济的、互利共赢的、求同存异的、文明融合创新的、以全球化的低碳生产、低碳流通和低碳消费循环的低碳的绿色生产方式和生活方式为基础的和谐世界。[④]

---

① 马小军，黄全胜．全球气候变化中的政治风云——“巴厘岛路线图”诞生始末［J］．领导之友，2008（2）：54～55.

② http：//finance. sina. com. cn/world/gjjj/20091220/02007127925. shtml.

③ 崔大鹏．低碳经济漫谈［J］．环境教育，2009（7）：13～21.

④ 崔大鹏．低碳经济漫谈［J］．环境教育，2009（7）：13～21.

第三，发展低碳经济是人类未来发展别无选择的途径。我们只有一个地球，在气候变化等国际环境问题的灾难和威胁面前，地球上所有人和所有国家都是利益相关者（Stakeholder），而低碳经济既服务于具体的国家利益，也符合普遍的地球人利益，当然，每个国家首先要满足自己的国家利益，不同的国家要根据自己的国情实施具有自己特色的低碳经济。[①] 因此，人类未来的发展道路上，唯有低碳经济的路径选择。

目前，英国、美国、日本、法国、德国、意大利等发达国家经济历经工业化、信息化之后，都十分重视低碳经济，正在走向“低碳化”。英国把发展风能和生物质能等可再生能源技术放在首位，并于2008年正式通过《气候变化法案》，成为首个对温室气体排放作出法律规定的国家；美国不仅致力于以低碳发电站技术为代表的廉价、高效、清洁和低排放的世界级能源技术的研究和开发上，还计划在2012年建成世界上第一个零排放煤炭发电厂，更在奥巴马上台后明确提出了开展新能源绿色革命；德国通过立法制定了二氧化碳分离、运输和埋藏的法律依据，加快风能开发，其风能投资在2008年居世界第一；日本集中精力于化石能源的减排技术装备投资和烟气脱硫技术研发上，开展建设低碳社会的活动；法国从房屋抓起，大幅降低建筑业能源消耗量，并且继续重视核能开发，核能源已占全国能源的78%；欧盟、瑞士已从2009年9月1日起开始禁用白炽灯，澳大利亚也规定从2010年开始全国禁用白炽灯。毫无疑问，“地球一小时”活动也正是在低碳理念下的行动。据公布的数据显示，在全球的“熄灯秀”接力下，2008年，悉尼全城在“地球一小时”内能源消耗下降了8.4%，相当于熄灭了160万只灯泡；新西兰唯一一个正式参加熄灯活动的城市克赖斯特彻奇，熄灯一小时，能源消耗减少了将近13%。

另外，世界各国已经将低碳经济视为推动世界经济发展的新的增长点，再生能源则是增长点中的重点。据国家信息中心经济预测部统计数据显示，欧洲低碳经济发展较快，在整个生态产业中，欧洲从业人数在340万人以上，年产值超过2270亿欧元。其中，可再生能源技术已有200亿欧元的产值，提供30万个就业岗位。世界范围内，可再生能源行业已为230万人提供了就业机会，有近60个国家已将发展可再生能源确立为本国发展目标。正是由于发展低碳经济需要合理调整优化经济结构，需要发展缓解资源矛盾的新技术，需要开拓减轻环境污染的新产业，因此，未来的新市场会由低碳经济所垄断，人类未来

---

① 崔大鹏．低碳经济漫谈［J］．环境教育，2009（7）：13～21．

发展之路的突破口也就在气候控制与低碳经济上。

二、循环经济是传统经济模式转向可持续发展模式的根本法宝

循环经济倡导一种基于不断循环利用资源以达到与生态环境相协调的发展模式，正越来越获得国际社会对它本质上作为一种创新模式的生态经济的共识。循环经济是从经济活动流程对自然环境影响的角度考察，针对传统经济在处理人类与环境的关系时由“资源—产品—废弃物污染排放”单向流动的线性开放式过程而言的。在它之前，“生产过程末端治理”模式就开始注意环境问题，强调在生产过程的末端采取措施治理污染，但采用“先污染、后治理”的做法不科学，且治理污染的技术难度大、成本高，于是，以资源稀缺为前提所构建的末端治理范式逐渐为循环经济范式所替代，“减量化、再利用、再循环”成了循环经济最重要的实际操作原则。它要求遵循生态学规律把经济活动组织成一个“资源—产品—废弃物污染排放—资源”的环式反馈型流程，使整个经济系统被作为自然生态系统的特殊情况纳入到自然生态系统的普遍物质循环过程中，在经济社会活动中实现资源的减量化、产品的重复使用和再循环使用，最终实现“最佳生产，最适消费，最少废弃”。发展循环经济这样一次深刻的革命为可持续发展提供了有效的技术支撑，是实施可持续发展战略的重要实践方式。

首先，循环经济是促进人与自然和谐共生的创新范式。循环经济的早期萌芽是20世纪60年代美国经济学家鲍尔丁提出的“宇宙飞船理论”。他指出，地球就像一艘在太空中飞行的宇宙飞船，要靠不断消耗和再生自身有限的资源而生存，如果不合理开发资源，肆意破坏环境，就会走向毁灭。日本和德国是循环经济的先驱，其他发达国家循环经济发展也各具特色，形成了以美国为代表的企业内部循环（杜邦）模式，以日本为代表的社会循环立法推进模式，以德国为代表的废弃物双元回收系统（DSD）模式，以丹麦为代表的生态工业园（卡伦堡）模式，以法国为代表的行业协会配合模式等典型模式。①

从国外循环经济发展的典型模式可以看出，这些国家在发展循环经济方面起步较早、成效显著，形成了具有本国特色的发展模式。无论是美国通过组织企业内各工艺之间的物料循环、延长生产链条、尽量减少生产过程中物料和能源的使用量以及废弃物和有毒物质的排放以最大限度地利用可再生资源，丹麦

① 李伟，白梅．国外循环经济发展的典型模式及启示［J］．经济纵横，2009（4）：80～81.

通过企业间的物质代谢和共生耦合关系使一家工厂的废弃物成为另一家工厂的原料和能源[①]，还是德国建立废旧物资的回收和再生利用体系以实现消费过程中和消费过程后物质与能量的循环[②]，法国通过半官方的行业民间监察等社会团体各部门间的协作来配合政府并组织企业和个人降低成本及协调资源综合利用，还是日本通过制定《促进循环社会形成基本法》将整个社会建成限制自然资源消耗、环境负担最小化的循环型社会设定为国家根本发展目标之一[③]，都是从“经济优先”走向“环境优先”，将与地球环境和谐相处当成政府、企业乃至全社会的重要经营理念之一，都是为促进本国经济可持续发展和优化生态环境采取的积极方案，都是想实现改造环境并达到人与自然和谐发展而合理利用自然资本的特定方法。

其次，循环经济是推进低碳经济发展的路径选择。循环经济包括两个基点，一个是节约自然资源，一个是对环境的保护。3R（减量化、再利用、再循环）目标成为循环经济十分具体的目标，要求以尽可能少的资源消耗和环境代价实现最大的发展效益。[④] 低碳经济涉及电力、交通、建筑、冶金、化工、石化等部门以及可再生能源及新能源、煤的清洁高效利用、油气资源和煤层气的勘探开发、二氧化碳捕获与封存等有效控制温室气体排放的领域，其重点是发展可再生能源与新型清洁能源，研发低碳技术，其关键环节是清洁生产。而只有以循环经济的模式才能发展可再生能源与新型清洁能源，才能实现清洁生产，才能推进节能减排。也就是说，循环经济“减量化、再利用、再循环”的目标和“资源—产品—再生资源”的循环利用模式正是低碳经济的有效方法和途径。正因为如此，世界各国无论是发达国家还是发展中国家都在根据目前各自的基本情况，以重点发展循环经济的方法，来达到进入低碳时代的目的。

再次，循环经济是保障人类经济活动持续稳定健康有序发展的最佳形态。循环经济追求经济发展和环境保护的“双赢”，强调在生态界阈内合理利用自然资本，从传统经济的仅重视人力生产率的提高转向推重资源生产率的提高，使“财富翻一番，资源使用减少一半”；从生产过程末端治理模式的仅注重在结尾里尽量处理已经排放出的废弃物转向着重从源头上防止破坏环境因素的出现和在过程中改进技术设备和转变能源利用方式以开发新能源和有效利用现有

---

① 马世忠．循环经济指标体系与支撑体系研究［M］．北京：中国经济出版社，2007：41～42.

② 黄海峰等．德国发展循环经济的经验及其对我国的启示［J］．北京工业大学学报，2005（6）：38～42.

③ 魏全平，童适平．日本的循环经济［M］．上海：上海人民出版社，2006：4～10.

④ 陈晨．电子废弃物的法律定义探索——欧盟立法的启示［J］．环境经济杂志，2006（33）：52～53.

的常规能源。在这样防微杜渐而又标本兼治的循环经济模式庇佑下，人类经济活动发展才有了最优保障。

循环经济在尊重自然的基础上，切实有力地保护生态系统的自组织能力、维持生态系统的良性循环；在考虑科学技术对自然的开发能力的前提下，充分发挥其对生态系统的修复能力，使之成为有益于环境的技术；在促进人自身全面发展的条件中，融入人征服自然并能够与自然和谐相处的能力。所以，循环经济模式是积极的、和谐的，是健康的、有序的，是可持续的、稳定的。

可持续发展是以人为本，以发展为核心，综合研究并实施人口、经济、社会、资源、环境生态等的协同发展，以实现经济的发展、社会的公平、代际的兼顾。可持续发展理念的提出便是来自对资源的关注，其目的是为了实现物尽其用，使资源在技术进步的前提下可以多次循环利用，最后才成为没有利用价值的废物，并对其进行焚化、回收或填埋。"可持续"本身指的就是人类社会经济发展所依托的自然资源与人工资源的合理开发和保护。而循环经济要求把经济活动所有的原料和能源都能在不断进行的经济循环中得到合理利用，从而把经济活动对自然环境的影响控制在尽可能小的程度，以有利于产业的可持续发展，有利于提高资源的利用效率，有利于环境的改善与保护。那么，人们不禁要问：可持续发展理念与循环经济之间是什么关系呢？

一方面，可持续发展理念是循环经济的指导思想。循环经济是在可持续发展基本思想指导下，为促进环境保护和资源合理利用而发展起来的。可持续发展的一体化原则是循环经济所追求的重要结果之一；可持续发展在社会再生产领域的基本原则——资源的循环（永续）利用构成循环经济的核心内涵；而代际公平和代内公平原则是为实现更高层面社会公正，不仅需要循环经济的社会产品在生产模式下保障公正，同时还需要法律、税收、再分配、社会救济、公共投资等一系列措施来保障循环经济再生产模式下的社会公正问题。可持续发展是比循环经济更高层次的理念，是循环经济的终极目的，而循环经济则是可持续发展的重要实现途径。正是因为有了可持续发展理念的指导，企业个体层面的资源综合利用才发展成为涉及产业间和整个社会经济层面的具有系统性、综合性的循环经济形式。①

另一方面，循环经济理念是可持续发展理念的延续和具体化，实现循环经济的目的在于实现人类的可持续发展，因此，循环经济是实现可持续发展的一

---

① 陈德敏．资源循环利用论——中国资源循环利用的技术经济分析［M］．北京：新华出版社，2006：48.

种重要途径或者必经阶段，是在更大层面和领域（国民经济与社会整体协调发展）对可持续发展的自觉认识和能动行为。循环经济与可持续发展具有价值上的同构性。其一，循环经济与可持续发展具有内涵上的一致性。循环经济与可持续发展在本质上都有一个共同点：不是不要发展，而是要什么样的发展的问题。可持续发展提供人类的是战略原则、认识基础，而循环经济则为人类找到了战略原则下的实施途径和建立在认识基础上的新的增长方式。可持续发展是人类发展观、文明观划时代的进步，循环经济则是人类经济、社会领域里跨世纪的革命。其二，循环经济与可持续发展具有目标上的一致性。循环经济是一种新型的、先进的经济形态。但是，不能设想仅靠先进的技术就能推进这种经济形态，它是一门集经济、技术、社会和环境于一体的系统工程。循环经济所追求实现的基本目标主要是经济的集约型增长，资源的永续利用，环境的有效保护，技术的进步和社会公平，社会进步与人的生活质量的全面提高。对于单纯经济系统而言，循环经济的目标是经济总量的持续增加，资金的投入和效益的最大化；对于技术系统而言，循环经济的目标是实现无害化技术或环境优化技术的不断进步，包括污染治理技术、废物利用技术和清洁生产技术；对于社会系统而言，循环经济的目标是追求社会均等和进步，包括广大公众的参与以及建立健康合理的政府规范、法律道德约束、文化导向和价值观念体系；对于生态系统而言，循环经济的目标是追求生态系统的整体性，要在生态系统的承载能力下，合理使用资源，保护生物多样性。①

此外，循环经济是环境保护的一种间接实现手段。我们面临既要发展经济，又要保护环境的双重挑战。生态环境问题实质上是生态环境能力下降的表现。生态环境问题（生态环境能力）受到人口、经济活动、资源消耗、资源利用效率的影响，而在循环经济最大限度地将废弃物转化为商品、降低废弃物的产生量和排放量的这个过程中，可以相应地减少污染治理投入和环境监管成本，就会起到环境保护的作用。因此，从这种意义上来讲，循环经济是保护环境的一种间接实现手段。要实现发展经济与保护环境的“双赢”，就要强化生态环境能力建设与生态环境保护，就必须真正做到资源综合利用，推动循环型社会的建设，大力发展循环经济。

目前，资源紧缺已经成为我国经济增长与发展的瓶颈。电力、石油、土地和水资源等最重要的资源普遍紧缺。正是基于此，2004 年中央领导在国内考

① 陈德敏．资源循环利用论——中国资源循环利用的技术经济分析［M］．北京：新华出版社，2006：69～70.

察中，强调各地把思想统一到科学发展观上来，在观念上认识到科学发展观的重要性。2005年则着重强调把科学发展观落实到各个层面，贯穿到经济社会发展的各个环节。而在此期间，中央领导一再强调转变增长方式是落实科学发展观的重中之重。胡锦涛总书记2004年7月在山西考察时，就强调将推进经济结构调整和经济增长方式转变作为考察的重点内容之一。吴邦国委员长也在上海、山西和广东等地考察时从调整经济结构、大力开展节能降耗、发展循环经济等方面对转变经济增长方式提出了具体要求。另外，全国政协主席贾庆林在湖南、山东、北京及河北调研时，也分别从大力发展循环经济、努力建设资源节约型和环境友好型社会等方面强调要转变经济增长方式。党的十七大报告中明确提出，促进国民经济又好又快发展，"关键要在加快转变经济发展方式、完善社会主义市场经济体制方面取得重大进展。要大力推进经济结构战略性调整，更加注重提高自主创新能力、提高节能环保水平、提高经济整体素质和国际竞争力。"面对国际金融危机对我国经济发展的严重影响，中央再一次明确提出，今后一个时期，我国经济工作一定要把加快转变经济发展方式放在突出位置，必须紧紧抓住机遇，承担历史使命，把加快经济发展方式转变作为深入贯彻落实科学发展观的重要目标和战略举措，毫不动摇地加快经济发展方式转变，不断提高经济发展质量和效益，不断提高我国经济竞争力和抗风险能力。《中共中央关于制定国民经济和社会发展第十二个五年规划的建议》（2010年10月18日中国共产党第十七届中央委员会第五次全体会议通过）中则进一步明确提出要"加快转变经济发展方式，开创科学发展新局面"，并进一步指出："以加快转变经济发展方式为主线，是推动科学发展的必由之路，符合我国基本国情和发展阶段性新特征。加快转变经济发展方式是我国经济社会领域的一场深刻变革，必须贯穿经济社会发展全过程和各领域，提高发展的全面性、协调性、可持续性，坚持在发展中促转变、在转变中谋发展，实现经济社会又好又快发展。"这为经济发展方式向循环经济方向的转变，实现循环经济提供了更高的政策依据。

实际上，循环经济的思想体现在社会层面，就是要通过建设循环型社会，加快资源节约型和环境友好型社会的建设。首先，循环型社会是与环境友好的社会。循环型社会最主要的特征就是按照生态规律来确定人类活动的方式。循环型社会将经济系统与生态系统同时作为社会发展的子系统加以考虑。建设循环型社会一个最基本的要求就是遵循生态学规律，合理利用自然资源和环境容量，在物质不断循环利用的基础上发展经济，使经济系统和谐地纳入到自然生态系统的物质循环过程中，实现经济社会活动的生态化。而这种经济发展理念上的革命，需要整个社会的变革作基础。一个关注人与自然和谐共生的社会，是不会盲目地发展经济而置环境于不顾的。所以循环型社会是与环境友好的社会。其次，循环型社会是和谐型社会。自然生态环境是人类和万物共同的财产，对于人类社会来说，资源环境问题涉及社会的各个方面，每个人不仅都对自然资源和环境享有平等的权利，而且对自然生态环境和人类的可持续发展承担着共同的义务和责任。从本质上讲，环境问题虽然是人与自然相和谐的问题，而实质上还是人与人之间的社会关系和谐问题。只要社会明显存在着为了一部分人的利益或环境特权而牺牲或破坏公众或其他人的环境权益和生存发展的权利，就不可能实现环境问题的最终解决。社会和谐的问题可以适用于国际、国家和区域乃至社区等各个层次。因此，建设循环型社会的目标不仅在于人与自然的和谐，更应该体现在包括社会公平在内的社会方面的和谐，在着力解决资源、环境与人口问题的同时，还要处理好社会内部局部与全局、国内与国际、经济与社会以及社会各界各阶层之间的关系，在社会关系整体协调、平稳运行中，实现人类社会的可持续发展。基于上述，就需要着眼以下三个方面来发展循环经济，为建设循环型社会提供支撑。第一，立足于长远。发展循环经济，彻底转变经济增长方式和消费模式是一项长期的系统工程，不可能一蹴而就。必须从“大处着眼，小处着手”，要有长远的战略眼光和长期的战略安排。第二，立足于和谐。现代社会进步不仅表现为经济的发展，更表现为人类社会与生态环境的和谐共处，社会的进步和经济的发展必然得益于资源与环境的保持与改善。发展循环经济，人与自然和谐共生，才能促进经济的发展和社会系统的协调。第三，立足于发展。“循环”不是目的，而是手段，在追求“循环”的同时必须注重“经济”。使“经济”萎缩的，是与我们的初衷相违背的。要立足于促进经济社会的发展，以同样的资源提供更多的产品和服务，提高经济效益，缓解资源压力，保护生态环境，实现可持续发展。[①]

需要指出的是，生态工业园区的建设已经成为实现循环经济的一个重要发展形态，成为当前可持续发展理念走入实际的重要方向。世界范围内许多国家都开展了生态工业园理论的探讨和实践，都在致力于这些生态系统的规划、设计和示范，众多国家的工业园区正在向生态工业园区的方向转变。我国也不例外。我国自然环境先天不足，人均占有土地面积只有世界平均水平的1/3，而

---

① 郝家龙，翟纯红．循环经济与资源城市成长路径［M］．北京：新华出版社，2006：41～50.

且山地、高原、丘陵面积的比重较大，占国土面积的69.27%。同时，还有分布广泛的生态环境脆弱带，如沙漠、戈壁、冰川、冻土、石山、裸地等面积就占国土面积的28%；此外，还有沼泽、滩涂、荒漠等利用难度大的土地。因此，能在资源消耗和环境污染预防之间建立起有机联系的循环经济模式的建设对我国来说是十分必要的。其实，我国古代农民早就已具有“桑基鱼塘”等以节约资源为出发点的古朴思想，也早就已养成废弃物综合利用的习惯。古代农民们充分利用地力的同时，讲究多种产业联合，综合发展，据战国时期的《管子·牧民》篇中记载：“务五谷，则食足；养桑麻，育六畜，则民富。”即各业之间“相继而生成，相资以利用”，达到物质充分循环。可以说，这是现代循环经济在我国的古典模式，所以当西方现代循环经济思想引入我国后，就与我国已有的古典思路碰撞交汇，各地的循环经济建设如火如荼。特别想提及的是坐落于广西崇左的“湘桂循环经济产业园”这个科技创新型的园区。这是一个集蔗渣综合利用、制糖滤泥制生物有机肥、废糖蜜制活性干酵母等项目于一身的发展蔗糖循环经济的产业园，发挥每一根甘蔗的最大价值，真正实现把每一根甘蔗“吃干榨尽”。有人会问，一根甘蔗除了制糖，还能有什么综合利用的价值？实际上，甘蔗不仅是制糖的原料，也是制造新能源——乙醇汽油的重要原料。世界主要产糖国基本上都在转产燃料酒精以供应国际乙醇汽油市场需求。要知道，甘蔗是发展循环经济的理想材料——蔗叶可用于饲养业，蔗渣可用于造纸，废糖蜜可用于生产酒精和味精，规模生产后产生的废液可用于农田灌溉等。如果以甘蔗生产加工为主线，拉长产业链，可以提高整个行业的总体效益，可见，甘蔗的价值大着呢。那么，一根甘蔗到底有多大价值？湘桂集团提出了“一根甘蔗=100亿元产值”的等式。一定有人怀疑，怎么可能有那么大的产值效益？这在以前的确是不可能的，因为对于蔗叶蔗尾的处理，农民以前都是一把火烧掉，太浪费了。现在用年产几百万吨的蔗尾梢和蔗渣来做养牛的饲料，废物利用。再用牛粪和蔗渣种菇，用菇泥作肥料还田，循环回归甘蔗地。既让“蔗—牛—菇”特色产业循环经济科技种养模式应运而生，又不污染环境反而优化居民生活环境。这只是其中的一条产业链。这根甘蔗产生的蔗渣、形成的废糖蜜、制成的糖品，还有制糖时残留的滤泥和有机废液等还可以继续深加工，分解成好多条产业链。现在，园区主要建设有以下6条产业链：①蔗渣综合利用——重点开发生产蔗渣漂白清洁制浆、环保包装制品；②成品糖深加工——重点开发生产精糖、三氯蔗糖超强甜味剂、L-乳酸、聚乳酸、蔗果低聚糖；③废糖蜜深加工——重点开发生产活性干酵母、高核苷酸酵母抽提物、废蜜微藻联产生物柴油；④蔗叶梢深加工——重点开发生产甘蔗梢叶高蛋白饲料、甘蔗叶汁清凉饮料、蔗叶养牛—牛粪发酵栽培蘑；⑤制糖滤泥深加工——重点开发生产微生物有机肥固体肥、环保型建筑材料；⑥制糖有机废液的无害化、高值化处理及转化——重点开发生产沼气、活性腐殖酸、生物有机液体肥。可见，有这么多条产业链的支撑，以这么多诸如蔗田系统、制糖系统、酒精系统、造纸系统、热电联产系统、环境综合处理系统等体系结构为框架，物流中没有废物，只剩资源，上面的“一根甘蔗=100亿元产值”等式关系就在比较完整的工业和种植业相结合的生态系统中被实现着。实践表明，生态工业园区大大减少了工业体系对环境的干扰，在降低工业园区整体成本、提高工业企业效益方面占有相当大的优势，对实现循环经济有着重大的贡献。

三、发展低碳经济和循环经济是中国经济发展的必然要求

中国正处于工业化城市化快速发展的重要战略机遇期，改革开放30年来，中国经济增长方式已经发生了深刻的变化，但资源浪费大、能源消耗高、产业层次低的局面仍未根本改变。我们必须了解我们丧失低碳经济和循环经济发展理念带来的国家之痛，才能感受这一人类发展过程中出现的文明新理念是怎样的弥足珍贵。请耐心看完下面一组数字：2005年，按美元计算，中国每百美元GDP所消耗的能源数量是美国的3倍、德国的5倍、日本的近6倍，中国一吨煤产生的效率仅相当美国的28.6%、欧盟的16.8%、日本的10.3%；而中国单位GDP污染排放量是发达国家平均水平的十几倍，中国每日耗水量世界第一、污水排放量世界第一、能源消费和二氧化碳排放量世界第二；中国工业用水重复率只有20%～30%，仅为发达国家的1/3。如生产一吨钢，中国的耗水量是发达国家的10～40倍，开采一吨原油，耗水量是先进国家的6～20倍，生产一吨纸，耗水量是先进国家的3～10倍；而中国人均水资源量仅为世界人均的25%……我们已无须罗列更多，这些已足够让我们惊心和警醒了！要实现经济又好又快发展，就必须具备有本之木、有源之水。采用生态化的生产方式，发展低碳经济和循环经济是实现本源发展的有力保证。

第一，发展低碳经济和循环经济是我国调整优化经济结构、提高产业层次的必由之路。在经济周期处于下行期的时候，需求会大幅减少，经济增长速度会适当放缓，同时，衰退也将成为刺激新技术投资应用和催生产业优化升级的起点。让我们看看苏联在1929年西方陷入经济危机时的表现吧。按照美国国务院当时的报告，当时苏联利用美国的经济危机完成了最重要的产业升级，有

2/3 的大型重化工企业的技术都来自美国。由此可以看出，每一次经济大波动都将引发经济结构的大变动。而近年的金融危机不也正将带来新一轮产业大调整的契机吗？由于受发展阶段所限，尽管我国的产业结构和能源结构的调整不可能一步到位，但随着国家新能源振兴规划即将出台，到 2020 年总投资将超过 3 万亿人民币。搞好低碳经济和循环经济正是中国顺应世界发展规律、遵循产业结构规律，抓住全球经济变动机遇，通过自主创新和引进国外先进技术来提高产业层次、优化经济结构、转变生产方式的必由之路。尤其在发展低碳经济上，中国同世界其他国家目前都处于同一条起跑线上。若能抓住机遇，占领低碳技术、低碳产品、低碳能源、低碳建筑、低碳社会等一些制高点，将大大提高中国的国际竞争力，并同时解决就业问题，还能彻底改变世界能源提供者和廉价产品提供者的身份。

第二，发展低碳经济和循环经济是我国缓解社会资源约束矛盾、减轻环境污染的有效途径。2004 年 4 月 13 日，胡锦涛总书记在陕西考察时指出："发展循环经济，是从根本上缓解资源环境压力，实现人与自然和谐发展的有效途径，必须大力提倡和推广。"的确，中国人均能源资源探明量只相当于世界人均量的 51%，其中，煤、石油和天然气分别为世界人均的 70%、11%和 4%。根据联合国开发署发布的国际能源机构的统计数据，2006 年中国的一次能源消费总量占全球 16.2%；中国 2006 年的人均 CO_2 排耗水平和碳足迹，越来越接近发达国家。英国和美国的人均碳足迹存量是 1100 吨，中国是 66 吨，印度是 23 吨。这说明，中国社会资源能源总量与开发量之间的矛盾严重，碳排放的流量及增量与生态承载力之间的矛盾严重。因此，党的十七大报告提出的"节能减排"，"建设资源节约型、环境友好型社会"，"加强应对气候变化能力建设，为保护全球气候做出新贡献"的科学发展决策，应变为全民的实际行动。当然，我们都很关心，到底这些减量化再循环的措施实施之后收到了什么效果？有这样一个数据：2007 年 1—9 月份，全国单位 GDP 能耗同比下降了 3%。另有国家"十一五"规划提出单位 GDP 能耗降低 20%、主要污染物排放总量减少 10%的约束性指标，各级政府都在认真落实这个低碳经济的硬性指标。据估计，这将减少 1.5 亿吨 CO_2 的排放量。可见，实施低碳经济、发展循环经济确实成了紧迫的别无选择的有效战略途径。

第三，发展低碳经济和循环经济是中国应对全球气候和环境问题、担当"世界公民"责任的必然之举。为了应对气候变化带来的负面影响，面对新的温室气体减排形势，针对全球关注环境以谋求政治和经济利益的背景，发展低碳经济和循环经济是中国“世界公民”的责任担当。目前，中国是世界第二大能源生产国和消费国，也是世界第二大二氧化碳排放国，中国又是高举和谐世界大旗的负责任的大国，中国实施中国特色的低碳经济模式，统筹兼顾循环发展，实现经济发展与减缓气候灾害、环境保护的共赢，是既符合中国国家利益，又符合人类共同利益的。随着全球化时代的到来，中国在国际政治、经济等方面正在发挥越来越重要的作用，中国在全球气候和生态环境保护方面的态度及所采取的行动就会影响到中国的国际形象和综合竞争力。要树立中国负责任发展中大国的形象，就需要从满足国家长远发展利益和综合安全的战略角度以及确保发展中国家发展权实现的根本立场，以循环经济带动能源利用效率最大限度地提高，以低碳经济确保温室气体排放可承受水平的减少。事实也正如此，2007 年 9 月 8 日，国家主席胡锦涛在亚太经合组织（APEC）第 15 次领导人会议上，郑重地提出了四项建议，明确主张“发展低碳经济”。他在这次讲话中，一共说了四次“碳”：“发展低碳经济”、研发和推广“低碳能源技术”“增加碳汇”“促进碳吸收技术发展”。2009 年7 月，中共中央政治局常委，全国人大常委会委员长吴邦国在安徽考察调研时强调指出：“发展低碳经济，促进节能减排，是落实科学发展观、实现可持续发展的内在要求，是应对气候变化、参与国际竞争的客观需要，也是结构调整、产业升级的主攻方向。”[①] 中国的低碳和循环发展道路将会且只能会有利于国际气候保护及人类应对环境问题的共同努力。

第四，发展低碳经济和循环经济是全面贯彻落实科学发展观的重大行动。近年来提出的科学发展观与循环型经济建设和低碳型经济发展有异曲同工之处。科学发展观决定了我国经济社会发展的总体战略和基本模式，对经济社会发展实践具有根本性、全局性的意义。循环经济确立“3R”原理的中心地位与低碳经济建造可量化的高能源利用效率和清洁能源的重要结构，同科学发展观以人为本的核心、统筹兼顾的根本方法和全面协调可持续的基本要求在本质上是高度一致的。随着党的十七大的胜利召开，科学发展观深入人心，它不仅是对经济社会发展一般规律认识的深化，而且还是马克思主义关于发展的世界观和方法论的集中体现，更是指导我们发展循环经济和低碳经济的理论依据。中国经济正在全面进入由经济增长追求型向可持续发展型经济迈进的新一轮转轨时期，而可持续发展的重要模式和重大实践之一就是循环经济和低碳经济建设。党的十七大报告关于深入贯彻落实科学发展观的要求也从指导思想到具体措施上，使发

① http：//www.chinanews.com.cn/gn/news/2009/07-07/1764266.shtml

展循环经济和低碳经济的理论基础和实践意义更加全面而系统地凸显出来。

第五，发展低碳经济和循环经济是企业和城乡民众乐于接受、勇于探索的实践形式。进入21世纪之后的短短几年间，循环经济和低碳经济从理念变为行动——循环经济试点示范工作在全国范围内开展，节能减排和无碳化工作也在全国上下加强。先后于2005年10月和2007年12月，分两批实施的国家循环经济示范试点单位共计178个。以江苏省为例，该省作为全国的经济大省，却是资源匮乏对外依赖程度高的资源小省。江苏省从2006年起选择15个城市、15个园区、100家企业开展循环经济试点工作，大胆探索不同类型、不同层面、不同行业的实践形式，同时运用发展循环经济和低碳经济专项资金重点支持试点单位示范作用较强的项目实施，推动资源在企业内部、企业之间以及产业之间循环高效利用。最终以占全国1.06%的国土面积创造了全国1/7的工业总产值、10.3%的GDP。国家循环经济试点示范企业、园区、城市的出现，强有力的影响和带动了一大批省（市）、中等城市和乡镇从自身实际出发，主动开展节能减排，探求经济发展。各地政府、众多企业和社区园区对转变经济增长方式的至高热情、热切期盼和强烈追求，反映出企业和城乡民众对可持续发展抱定了信心与美好的期望，表明他们乐于接受并勇于探索低碳经济和循环经济的发展道路。

在循环经济和低碳经济为越来越多人重视的情形下，循环经济和低碳经济必定会在中国扎根发芽，发展壮大，成为构建社会主义和谐社会和全面建设小康社会的必经之路。然而，我国目前科技并不先进，生产力的发展大都来自外资投入，经济增长主要依靠出卖廉价劳动力，同时，政府管理上的低效率为环保政策的落实及循环经济和低碳经济的推行带来极大的障碍。这都成为我们不容忽视的“瓶颈”。因此，中国只能走中国特色的低碳和循环经济发展道路。在实行循环经济和低碳经济的问题上应当理性思考，深刻研究经济产业生态化的实践途径，立足于中国实情，通过对人、自然、经济以及社会的系统整合，彻底实现生产方式的生态化转变。

第三节　政治过程生态化趋势

在当今世界工业文明向生态文明转变过程中，国际及各国内部政治的发展也必然性地增添了新的内容——生态问题。由于世界各国绿党的参政，以及民众生态政治运动的深入和范围的扩大，使得政治过程呈现出生态化趋势。“因为那是一个在系统中循环和被利用的自然，所以即使在客观的（自然）科学家的客观的手里，自然都变成了政治性的。”① 广义上说，政治过程是政治生活的动态方面，既包括国家内部的政治权力和决策的动态过程，也包括国际政治环境、政治秩序的动态过程。狭义上讲，政治过程指特定活动的政治行为或某一国际政治生活全球性趋向。实质上是把生态环境问题提到政治问题的高度，将生态学规律渗透到政治生活的方方面面，把环境问题纳入到政府决策、公民政治参与、国际政治行为和政治教育等过程中，正确地处理政治与环境的关系。“政治过程生态化”一词在国内虽还十分鲜见，但政治与生态环境的发展一体化趋势不可抵挡。随着将人与自然和谐共生的理念和生态学原理贯彻于人类全部的政治活动范围内，生态政治将成为传统政治发展的历史转折点，将构成未来国际内部政治发展与国际政治新秩序变换的重要途径和必然选择。

一、政治过程生态化是对传统政治的扬弃

由生态政治所促成的政治实践与理论的绿化为传统的政治领域引入了新鲜的血液，并且，以生态环境为主题的政治挑战在不断尝试着进一步的实践探索和理论深入。将自然置于政治中的显著位置来予以关注和讨论，必将使人们深刻地了解和认识生态与自然环境之间紧密的相互关联，进而在政治层面从根本上有效而成功地应对自然环境问题。传统政治体系下，政府决策行为和公民政治参与行为以及像强权政治和霸权主义这样的极端政治行为对生态环境的考虑不周全的时候较多。当生态环境问题从自然向社会领域转移并危及人类的生存发展时，生态环境问题就自觉转变为政治问题。

其一，政治过程生态化发挥了政府决策行为可以保护生态环境的客观用途。政府的政策、法令、规章制度、教育方式等不仅可以对环境保护进行直接干预，同时政府的政策、法令、规章制度、教育方式对经济发展模式、公众行为的影响又间接影响生态环境的保护。首先是广泛的公众政治参与对生态环境的保护有着促进作用，因此政治生态化中广泛的公众政治参与及意识的增强是解决生态环境问题的有效途径之一，从而改变“经济靠市场、环保靠政府”的传统消极的观念。其次是以社会公正和基层民主为价值核心的绿色政治成了拯救全球的希望。根据德国绿党的解释，“基层民主的政治学意味着更多地实现

---

① ［德］乌尔里希·贝克．何博闻译．风险社会［M］．南京：译林出版社，2004：99.

分散化的直接民主。我们的出发点在于，认为基层的决定原则上必须予以优先考虑；我们给予分散化的、易于管理的基层单位以具有深远意义的独立和自治的权力……"[①] 而这"两个主要概念即'分散化'和'非官僚化'，既适用于技术（生产）过程又适用于社会和政治过程。我们认为通过使现代生活分散化和非官僚化，我们就可以保护环境的不受破坏的完整性（限制工业增长），而且在这一过程中可以从性质上改变发达资本主义社会的主要社会、经济和政治制度"[②]。也就是说绿色政治的目标是：反对政治官僚机构，反对职业政治家，追求政治决策和国家管理的民众化、基层化、多元化和公开化。

事实上，世界各国都曾因政府决策失误导致了严重的生态环境问题。曾经灿烂一时的"楼兰古国"、两河流域的古巴比伦文明、尼罗河畔的古埃及文明、印度河流域的古代印度文明的消失即可作为"先污染、后治理"失误的佐证。中国的生态环境破坏及人口问题也正是20世纪50—70年代政府决策的严重失误所致。某种意义上讲，如果没有"大跃进""大炼钢铁"等决策，就不会出现我国北方近年来越演越烈的沙漠化和沙尘暴；没有对马寅初新人口论的错误批判，中国也许就不会有今天如此沉重的人口负担。而且绿色政治的那种"基层民主"的原则也在实际上出现过无助于生态危机解决的状况："现代社会的政治、经济及生态问题是不能在地方基层层次上得到解决的……区域的，国家的，以至国际的计划是必要的。诸如城市交通拥挤、住房紧张、房租昂贵、毒品交易此类的问题，本来是可以由地方解决的，但现在均已成为全球性问题了。"[③] 因此，必须强调政治民主的国际性，必须上升到区域的、国家的以至国际的层次上解决。像生态学马克思主义者们主张的那样忘掉东西方的对抗和意识形态的竞争，建立保护自然的世界政府，如用"欧洲生态共同体"取代"欧洲联盟"也未尝不可。总之，未来政治的重要任务之一是重塑生态的和谐。

其二，政治过程生态化屏除了强权政治和霸权主义的直接后果。强权政治与霸权主义的直接后果是地区、国家、民族间的冲突、战争、核军备竞赛等，这些军事和政治行为无疑是对生态环境最大的污染和破坏。导致20世纪60年代以来地区冲突不断扩大和升级的最根本原因还是出于各自的"狭隘生态利益"。1999年的科索沃问题就是有力的证据；中东地区长年不断的战火的根源

① ［美］弗·卡普拉，查·斯普雷纳克．石音译．绿色政治——全球的希望［M］．北京：东方出版社，1998：68～69.

② ［加］本·阿格尔．慎之等译．西方马克思主义概论［M］．北京：中国人民大学出版社，1991：499～500.

③ 奥康纳．生产的外在自然条件［J］．资本主义、自然、社会主义，1991（1）：34.

就在于争夺水资源也是全世界不争的事实。目前，某些国家以强权政治和冷战思维出发以至于单极世界仍然成为他们追求的目标和政策的取向。而与之形成鲜明对照，以推动建立国家、地区间平等、和谐、和平共处的国际政治新秩序的“地球村联邦”的生态政治，摒弃了政治斗争性，在解决环境问题和生存危机方面具有不可替代的作用。能源（Energy），环境（Environment），生态（Ecology）……这些带“E”字头的词汇，正在成为国际政治中的强势话语，不由分说地开始主导国际政治生活，将成为解决人类困境和世界诸多因此而来的矛盾的钥匙。正如联合国里约热内卢环境与发展大会秘书长莫里斯·斯特朗（Maurice F. Strong）所言：“冷战已经结束，环境问题一跃成为世界问题的榜首，全球环境问题影响深远，已渗透到国际政治、经济、军事、科技、贸易、社会文化等各个领域，对人类思维方式、发展模式、生活及消费方式构成全方位挑战。”①

二、政治过程生态化是以环境外交为焦点

气候变化已成为国际环境政治和环境外交的热门议题。以防止全球气候变暖为例，从1997年签署《京都议定书》到2007年印尼巴厘岛气候大会，再到2009年《哥本哈根协议》，国际社会已连续就气候变化问题进行了十多年的谈判。显然，环境与发展问题已成为当今世界最重要的政治议题之一。环境变化政治化或政治过程生态化就聚焦于气候变化和争夺“制气象权”的博弈过程。首先，气候变化是当今最热门的全球性环境问题。IPCC（联合国政府间气候变化委员会）的第四次评估报告的主要结论，已大大增强了“人类活动是导致全球变暖的主要原因”这一判断的科学性和说服力。全球变暖的过程将长期延续下去，尽管人类已经努力在向低碳和无碳的能源时代迈进，但是人类发展仍将长期依赖于石化能源的消耗，无碳能源时代还很遥远。全球变暖对世界社会经济和自然生态的影响，是全方位的、深刻而长远的。因此，国际社会对气候变化给予了极大关注。其次，气候变化早已进入国际环境政治和环境外交视野。从《京都议定书》生效的漫长而艰难的谈判和博弈过程，从它的先天局限和“软性”履行，到后京都议程的不确定性，既反映了人类对走可持续发展道路的可喜共识，又折射出全球化时代，南北分歧、环境问题全球治理和合作的需要与国际政治经济格局中传统的主权国家意识和习惯之间存在尚难逾越的矛

---

① 张海滨．全球环境与发展问题对当代国际关系的挑战［J］．世界经济与政治，1993（3）：35～39.

盾等令人无奈的现实。此外，科学的不确定、资金的约束、环境治理的紧迫性、世界政府的缺失，都注定了人类应对全球气候变化之路复杂而漫长。气候变化自然也成为国际环境政治和环境外交不可回避的重要议题。再次，气候变化明显“政治化”。单从IPCC三个工作组的设置便不难看出它的政治化倾向。第一工作组主要研究气候变化相关的科学事实，第二工作组主要研究气候变化对社会经济的影响，第三工作组设计应对措施，而应对措施与现实经济政治利益等方面结合得更为紧密。对于IPCC目前存在的有欧盟主导的政治化倾向，美国一些学者公开声称IPCC已彻底沦为某些国家的政治工具。[①]

环境外交首先发端于英国的“气候外交”，可以从英国政要外交大打“气候外交”牌[②]中窥见环境变化的政治化。其一，2007年4月17日，联合国安理会首次把环境问题作为讨论内容，就能源、安全和气候变化之间的关系进行公开辩论，这标志着环境问题的政治化趋势上升到了新高度。安理会当月轮值主席、英国外交大臣玛格丽特·贝克特主持了此次会议。她与布莱尔选择了环保和气候问题作为英国工党意图有所作为的外交领域。自2006年5月上任后，贝克特不断利用各种机会，包括在联合国大会上，大打“环保外交”牌，宣传英国新的“外交主张”，还于2007年5月17日在中共中央党校演讲时指出，中国已经成为建设低碳高能效的新经济模式的先锋。其二，英国官方重视气候变化研究，使之为气候外交提供科学有力的支持。由英国财政大臣指示编写，并向大臣和首相作出汇报的《斯特恩评估：气候变化的经济内涵》报告中不容置疑的科学证据证实了气候变化对全球的严重威胁。

美国在外交宣传上也有相应举动。受加州2006年通过温室气体减排法律的鼓舞，民主党主导的国会正紧锣密鼓地筹备推出一项适用于全美的气候变化法案。最近，相关立法提议获得包括福特汽车在内的美国4大汽车制造巨头的原则支持，这表明美国制造业准备对设计本行业重大利益的减排问题亮绿灯。2007年3月21日，前美国副总统戈尔赴国会两院作证，就全球气候变暖问题及应对该“危机”的紧迫性全面阐述立场，以推动法案早日成文。此外，如果类似于英国《气候变化法》的法案能够于近几年在欧盟主要国家部署到位，乐观的估计是，届时，欧盟的生产效率将显著提高，能源供应更为充足。

从英国外交、欧美立法把“环保”叫得如此响亮可以看出，国际社会已对

---

① 吴金勇，刘婷．气候政治［B/OL］．http：//www. sina. com. cn，2007-05-24.

② 刘成君．贝克特德“环保外交”说明了什么［N］．学习时报，2007-5-7（2）．

"环保"的重要性达成共识。但同时，值得注意的是环境外交能源博弈有升级的苗头和倾向。随着欧美低碳经济获得相当发展，不排除欧美在2020年后就某些节能减排通用标准达成共识、进而形成"低碳经济圈"的可能性。这意味着，欧美可能在产业转移、投资、市场准入方面形成"气候壁垒"，使中国、印度等新兴发展中大国面临新挑战。[①] 由于生态威胁是跨国性的，西方有些学者便提出了国际环境干涉理论。前英国外交官蒂克尔（Sir Crispin Tickell）指出："如果一个国家的环境问题影响到其他国家的利益，安理会自然应当授权采取行动，以维护国际和平与安全。"[②] 美国白宫1996年发表的《国家安全科学和技术战略》指出："环境压力加剧所造成的地区性冲突或者国家内部冲突，都可能使美国卷入代价高昂而且危险的军事干预、维护和平或者人道主义活动。"因此，发展中国家有理由担心环境安全理念和方式可能为国际干涉提供新借口。在这里，必须指出的是作为新的非传统安全观念的军事安全"制气象权"问题已经悄然成为国际社会产生纷争的新领域。

早在第二次世界大战中，一些国家从军事需要出发，就开始了人工造雾、人工消雾的研究和实验，从而拉开了人类争夺"制气象权"的序幕。在信息化战争中，虽然高技术武器装备的作战性能有了很大提高，但由于高技术武器装备大量采用了复杂的光电技术、微电子技术、计算机技术和自动控制技术等，使得它们对某些大气环境因素显得更加敏感。因此，气象条件仍可直接影响战争的进程与结果，比如不良的气象条件会使这些高端武器装备系统的性能失去稳定，甚至完全丧失功能。夺取"制气象权"需要三步走[③]：首先是加强气象保障。气象保障的主要目的是为了精确选择或创造有利于我实施突击作战的时机。其次是注重利用气象进行隐藏。这种隐蔽主要是指通过利用气象因素对透视与侦察的障碍作用，来隐蔽我作战行动和作战意图。最后是利用气象对敌进行破坏。通过人工影响天气，抑制敌方高技术武器装备作战性能的发挥、达到有效保护自己的目的，并给敌方以毁灭性的打击，使之不战而败。在军事安全方面，气象权的制高点争夺战越来越成为无形的政治外交手段。

现在对于气象权博弈过程中是否极大程度地造成了气候变暖或其他方面的

---

① 周文．欧美"气候立法"的法律、外交和经济内涵［N］．学习时报，2007-4-2（2）．

② Crispin Tickell. The inevitability of environmental security〔A〕. Gwyn Prins. Threats Without Enemies〔C〕. London：Earthscan，1993.

③ 夏凉．"制气象权"不容忽视［N］．学习时报，2008-3-31（11）．

气候变化还未有科学定论，但无论是从历史的角度看还是从现实的角度看，发达国家都是当代环境问题的主要责任者。有数据显示，从18世纪工业革命到1950年，发达国家排放的二氧化碳占全球总量的95%；虽然欧洲委员会提议，到2020年，发达国家的温室气体排放量应当比1990年减少30%，但从1950年至目前，发达国家的排放量仍占77%，发达国家的人均能源消耗量和温室气体排放量，也仍远远高于发展中国家。我国作为最大的发展中国家和环境大国，为维护世界和平，促进共同发展，一直以积极的态度参加全球环境外交活动。党的十七大报告从构建和谐世界的高度强调对内建设生态文明，创建和谐社会；对外加强环保合作，共建和谐世界，“我们主张，各国人民携手努力，推动建设持久和平、共同繁荣的和谐世界。为此……环保上相互帮助、协力推进，共同呵护人类赖以生存的地球家园”①。

生态环境的损失是无法用数学概念来衡量的，世界银行前首席经济学家尼古拉斯·斯特恩爵士的评估报告指出，世界经济光因气候变化就会损失全球GDP的20%。这种损失和破坏是快捷、持续、长期的，甚至是不可逆转的，不是一代或几代人可以偿还的，往往需要数十代人的不懈努力才可能改变。而这种努力一旦失败，悠悠中华文明甚至整个人类数千年的文明可能就将付诸东流。解决环境问题，呵护人类赖以生存的地球家园，是世界各国的共同责任。随着我国社会主义可持续发展实践的蓬勃展开以及在国际环境与发展领域中发挥了建设性作用和做出了应有的贡献而受到国际社会的广泛赞誉，我们应当提升对发展着的生态社会主义的关注和研究的空间，从而为有中国特色社会主义事业服务。只有在公平合理地分配劳动产品、限制过度生产和过度消费的条件下，才可能实现长久文明，因而我们相信，构建未来绿色社会的设想在中国特色社会主义的伟大旗帜下将不再是虚幻的空想。

第四节　社会万象的生态化改进

所谓社会万象的生态化改进，也就是要在社会发展的进程中实现人和自然、社会组织和自然系统的协调发展，就是要使人口、环境、资源和经济、社

① 中国共产党第十七次全国代表大会文件汇编［M］．北京：人民出版社，2007：45.

会发展相协调。在马克思主义看来，人和自然关系的协调、社会发展同自然生态系统关系的协调，绝不是一个单纯的自然问题，而是一个深刻而全面的社会发展问题，必须将这一问题放在从资本主义过渡到共产主义的总体的历史进程中来考虑。社会万象在这个进程中正是要朝向可持续发展的方向努力。社会万象的生态化改进则首先是社会消费行为的生态化，然后是社会的公平公正生态化，以此建立生态和谐的社会

一、社会消费行为的生态化改进

马克思说："首先应当确定一切人类生存的第一个前提，也就是一切历史的第一个前提，这个前提是：人们为了能够'创造历史'，必须能够生活。但是为了生活，首先就需要吃喝住穿以及其他一些东西。"[①] 换句话说，自从人类社会产生以来，消费问题就是人类社会最古老、最长久、最普遍存在的问题，人的消费特别是物质生活资料的消费是人的生存和发展的前提。可是直到当代，消费过程中的矛盾才不断暴露出来，消费问题在经济、社会生活中的重要地位才引起了人们广泛的关注。全球生态环境恶化危及人类健康与长久发展，使人类的生存质量面临威胁，但现在尚有较大的回旋余地，这需要人类改变目前的消费方式，加强环保措施。将人类消费活动回归到生态系统，在遵循生态规律的基础上以可持续的方式对自然资源和由之而生的一切产品和服务的消耗，这便是社会消费行为生态化改进，也是狭义上的生态消费，是从消费这个社会再生产循环运动的终端环节堵住对资源的浪费和对生态的破坏。既要保持社会经济的健康稳定发展，又要保持资源与生态的良性循环。所以，社会消费行为生态化改进既是一种理论，更是一种实践。生态化社会消费行为是"小即美"的绿色消费方式，讲求享受有度，即生活富裕、舒适，但不过度消费。1994 年联合国环境规划署的报告《可持续消费的政策因素》中提出：绿色消费是指"提供服务以及相关产品以满足人类的基本需求，提高生活质量，同时使自然资源和有毒材料的使用量减少，使服务或产品的生命周期中所产生的废物和污染物最少，从而不危及后代的需求"[②]。可见，在绿色消费体系中，人们将更多地追求更高层次的、非物质的满足，如家庭和社会关系的和谐，精神文化生活的丰富等。对物质产品的合

① 马克思恩格斯选集·第 1 卷［M］. 北京：人民出版社，1995：78～79.

② 曹明德. 生态法原理［M］. 北京：人民出版社，2002：74.

理消费是人的生存和发展所必需的，但问题是过度的物质消费特别是奢侈性消费则是对自然资源的一种浪费。在物质消费和精神消费的关系上，尽管人作为生命体要维持生存首先必须考虑衣食住行，但从某种意义上看，人之所以为人并且区别于其他生命体归根到底是因为人有一种精神生活、一种精神需求。精神消费对于提高人的思想觉悟、道德修养、心理素质、审美情趣等起着关键的作用；一旦人的基本物质生活需要得到满足之后，精神生活就决定了人的生活质量。因而，在现代市场经济中，生产与消费的关系的主要方面是消费引导生产，消费理念、消费行为、消费结构的变化势必引导生产理念、生产方式、生产结构的变化。那么，这种消费方式的变革不仅不是禁欲主义，不仅不会导致经济衰退，而且通过消费理念、消费行为、消费结构的生态化改进而促进大众用品、耐用品、资源节约型用品、无污染的绿色产品、环保与健康产品、精神文化产品、旅游产品的生产的大幅增长，从而避免了对自然资源过度消耗和对生态环境的污染，促进生产方式和社会经济的生态化进步。

社会消费行为生态化改进是一个系统工程。维持这个系统的顺畅运转，需要一系列的支持体系。消费的主体都是人，无论什么样的消费体系或者消费制度，人都是其最活跃的因素。人的生活理念、价值追求、科学技术和文化知识的拥有程度以及民众心理与行为的文明程度，都直接影响消费模式。所以，社会消费方式的生态化改进首先需要有优化的人文环境来支撑。这又需要高素质的人口结构和生态教育等因素得以养成。

二、公正民主的生态和谐社会

生态和谐社会是在充分揭示和认识并科学利用生态环境运行规律的基础上，实现了人类的自由以及人与人、人与社会和谐的永续发展的社会。它建立在公正民主的前提下，不仅因为公正民主是公民社会发展、成熟的根本前提，还因为对生态环境的保护和治理与人们的利益休戚相关，离不开人们的共同参与和积极行动，离不开基层民主和社会公正。党的十六大报告把扩大基层民主作为社会主义政治文明的重要组成部分，精辟地阐述了扩大基层民主是发展社会主义民主的基础性工作。它更建立在人与自然和谐共生的前提下，不仅因为人与自然的和谐共生是生态文明建设的必然结果和生态和谐社会的本质内容，还因为没有人与自然的和谐，生态和谐社会就不可能真正建立起来。

首先，生态和谐社会构建在对人与自然的关系进行全面的科学认识基础上。自然是人类的物质和精神之源。人与自然之间具有多重的关系，如认识关系、审美关系、价值关系等，科学地认识人与自然之间的价值关系、审美关系以及伦理关系等，可以为构建生态和谐社会提供价值指导和伦理支持，并且有助于提高人们的伦理道德境界、提升人们对美的追求，按照“美的规律”来改造自然。但就其本质关系来说，人与自然之间不仅体现为一种现实性的存在关系，而且更重要的是一种改造与被改造的实践关系。正是对这种关系的错误认识造成了人与自然的对立和冲突，特别是随着科学技术的发展和社会生产力的提高，进一步破坏了生态环境的平衡和稳定，引发了全球性的生态环境问题。为此，就需要对人与自然关系特别是人与自然之间的控制与被控制关系进行全面分析、对大工业生产方式的自然影响作用进行全面分析，以期为解决人与自然的矛盾、构建生态和谐社会寻求正确的实践途径。

其次，建构生态和谐社会以社会运行方式的自我调节为主要方式。在市场经济的条件下，社会生产的目的不仅在于满足人的物质需要，而且是不断地追求生产利润，以满足对社会物质财富的无限积累。这造成了整个社会财富的两极分化，产生了严重的社会不公和社会矛盾。通过扩大基层民主，完善基层政权、基层群众性自治组织、企事业单位的民主管理制度，保证基层群众依法行使选举权、知情权、参与权和监督权等民主权利，使群众的意见和要求得到尊重，合法权益得到保护，从而将矛盾化解在萌芽状态，便是对市场经济的运行方式进行的有效社会控制。这也是社会运行方式的自我调节过程，可以有效地减轻或防止社会转型期发生社会动荡，促进社会和谐。我国构建社会主义和谐社会，也必须通过发展基层民主培养公民的民主生活习惯，增强公民政治参与的意识和能力，抑制政府的不规范行为和决策对人与自然关系的隐性破坏，使人的实践活动符合生态环境的运行规律，以恢复生态环境的动态平衡，维护其稳定和正常演化的社会实践过程。另外，收入分配的调整对于社会公正有着重要意义，在收入分配方面加大调节力度，也可以化解社会不公引发的社会矛盾。虽然收入分配改革牵涉到各种利益的博弈，但加强收入分配调节在我国已经提上日程安排。总之，在社会运行方式的自我调节下人与人之间便会达到和谐的境界，在自然生态上的争夺也就会偃旗息鼓，那么人与自然的和谐共生可以说是指日可待。

最后，生态和谐的社会主义须提升智能资本在社会分配中的比重。科学技术以巨大的威力和人们难以想象的速度，深刻地影响着人类经济和社会的发展。在高科技时代，信息化和全球化浪潮滚滚而来，知识、技术和信息已成为经济和社会发展的关键环节，世界经济已是一个崭新的依靠知识驱动的智力系统。技术是现代生产力的重要组成要素，它和生产资料相结合能够大大提高生产资料的效率，与劳动者相结合则可以造就高素质、高技能的人才。生态和谐的社会主义制度应该是充分发挥和提升技术特别是绿色技术在劳动者与生产资料相结合时的作用和地位的社会形式。在这个社会中，有利益的冲突并不要紧，关键是要有科学的利益分配渠道来解决这一问题，其核心点就在知识作为生产资料的合理收入分配上。20 世纪 90 年代初，美国管理学家彼得·德鲁克就曾经指出，我们正进入知识社会，知识社会是一个以知识为核心的社会，智力资本已成为企业最重要的资源，有教育的人成为社会的主流，知识的生产率将日益成为一个国家、一个行业、一家公司竞争的决定因素。[①] 诚然，实体资本对社会财富的创造做出了重大的贡献，是现代经济增长的重要因素，但在绿色技术的生态社会主义里应该是智能资本作为社会分配对象参与了产品分配的知识经济时代。

广义上讲，凡是能够用来创造财富的知识、信息、技术、智能财产、经验、组织学习能力、团队沟通机制、有关顾客与供货商的信息、过去经验的总和等，皆是智能资本的内涵，这和土地、工厂、机器、现金等有形资产是相对的。智能资本的概念最早是在 1969 年约翰·肯尼思·加尔布雷思（John Kenneth Galbraith）写给《经济学人》的主编 Michael Kaleeki 的信件中出现。布雷思认为智能资本（Intellectual Capital）是指运用脑力的行为，而不单是知识和纯粹的智力，主要有三项要素构成，分别为人力资本（Human Resource Capital）、结构资本（Structural Capital）及关系资本（Relationship Capital）。他认为智能资本是一种价值创造的形式，就传统的意义上来说，它也是一种资产，代表着市场价值与实物资本的差异。

第一，智能资本在社会分配中的比重增大是一个趋势。

绿色技术支撑下的生态和谐社会，企业创造价值的来源，是如何将知识资本化。经济学家保罗·罗默指出，知识的生产、应用和扩散的效率与知识的积累及人力资本正相关。表5-1是一个反映智能资本的三个组成要素与企业经营发展的次构面间关系的数据表。

① ［美］彼得·德鲁克．张星岩译．后资本主义社会［M］．上海：上海译文出版社，1998：12.

表 5-1 智能资本与企业经营发展的次构面间相关系数矩阵

企业经营发展智能资本	CMP	CV	CSG&D
HRC	0.408*	0.347*	0.308*
SC	0.364**	0.244*	0.248*
RC	0.328*	0.267*	0.268*

注：*表示 Correlation is significant at0.05 level（2-tailed）；

**表示 Correlation is significant at0.01 level（2-taied）。

资料来源：李育哲．企业创新活动、智能资本及经营发展的关联与绩效评价研究：以中国台湾地区上市信息电子公司为例［D］．暨南大学管理学财务管理专业博士学位论文，2008：69.

由表 5-1 的相关分析数据显示，智能资本对企业经营发展之次构面皆有正向的关联性，其中以人力资本与企业经营绩效具有的关联性最大。

其中，英文名词的缩写释义如下：

HRC（Human Resource Capital）——人力资本

CMP（Company Management Performance）——企业经营绩效

SC（Structure Capital）——结构资本

RC（Relationship Capital）——关系资本

CV（Company Value）——企业价值

CSG&D（Company Sustained Growth and Development）——企业成长与企业永续

表 5-1 中的数据均大于零，说明智能资本、结构资本、关系资本分别与企业经营绩效、企业价值、企业成长与企业永续成正相关，并且数据越大说明正相关性越强。以人力资本为例，假如企业经营绩效是 1，那么人力资本所产生的经营绩效就是 0.408，占到企业经营总绩效的 40.8%。智能资本对于企业经营绩效性具有的正向关联性之大在表中是显而易见的。由此可推知组织内部的智力资源是企业的一种重要的无形资产，智能资本在企业经营发展中的巨大作用决定了它在社会分配中的比重加大的趋势。

此外，单纯模仿的时代已经结束了，生态和谐的社会主义社会是一个发挥民族创造力的时代。知识经济的发展无疑给发展中国家带来赶超发达国家的巨大机遇，但同时也使这些国家面临严峻挑战。挑战首先来自“知识”这一生产要素本身——科学技术已经变成了社会的核心资源，最可贵的资源是智慧，财富的最高形式是科学技术知识。智能资本不仅提高了物质资本的知识含量，从而提高物质资本的利用能力，同时也作为一种相对独立的生产要素具有高增殖性。利用高科技开发的产品是“集成知识”型产品，而传统产品则是属于“集成资源”型产品。集成知识型产品常常要求预先支付较高费用，但其实际成本则是微不足道的，因而带来巨额利润。例如：购买一份软件可能要花几百万元，但拷贝这份软件只需要几元钱，其实价与成本价的差额也比低技术产品高得多。一种产品越接近纯知识型，它的收益也就可能越高。广泛利用高科技成果可以大大减少对资源和能源的依赖程度。在以知识为基础的竞争中，智能资本带来的收益可以说是无止境的。智能资本最终将导致社会财富的大转移，即从自然资源的拥有者手里转移到那些掌握着科技知识的人手中。正因如此，提升智能资本在社会分配中的比重具有其必然性。当今物质资源贫乏的企业或者国家，只要充分掌握并有效地利用了科学技术知识，而且加大智力资源在产品分配中的参与力度就可以发展成为优势公司或者经济强国。正如世界驰名的耐克公司，世界上没有一家工厂，仅凭“耐克”商标而称霸于世界运动鞋市场的。这说明在知识经济条件下的生态和谐社会，智能资本成为权力的象征和社会财富的源泉，也就是说，权力和产品分配是按智能资本凝聚成的社会价值进行分配的。知识经济对于已完成工业化的发达国家而言是生产力发展的自然结果，顺理成章；对于首先要通过工业化改变二元经济结构的发展中国家而言，则意味着要不甘落后、抓住机遇，要借鉴发达国家的经验，缩短工业化阶段的进程，将工业化与知识化两步并作一步走，即发挥后发优势。

第二，马克思资本有机构成理论是智能资本成为社会分配对象的依据。

“我把由资本技术构成决定并且反映技术构成变化的资本价值构成，叫作资本的有机构成。”① 从在生产过程中发挥作用的资本的物质方面来看，每一个资本都分为生产资料和劳动力，这种资本构成是由所使用的生产资料量和为使用这些生产资料而必需的劳动量之间的比率来决定的。这种比率是随着生产技术和劳动生产率的提高而改变的，且这种比率是一种技术性的，所以把它叫作资本的技术构成。从资本的价值形式来看，资本可以分为不变资本和可变资本，由于生产资料和劳动力之间存在着一定的比率，所以用于购买生产资料的不变资本和购买劳动力的可变资本（即工资总额）之间也应该相应地保持一定的比率关系。不变资本和可变资本的比率，就是资本的价值构成。按照马克思的意思，资本的价值构成与资本的技术构成之比就是资本的有机构成。资本的有机构成实质上反映了社会的技术水平，而社会技术水平的发展又反映了劳动

---

① 马克思．资本论·第1卷［M］．北京：人民出版社，2004：707.

力知识水平的提高。从劳动力对生产发展所起的作用的角度来看，在生产关系中，智能资本的作用主要是针对预付总资本中的可变资本部分，例如马克思提出：

(1)“事实上，投在一个产业部门的资本的价值构成，也就是可变资本和不变资本的一定比率，总是表示一定程度的劳动生产率。”[①] “劳动生产率的增长，表现为劳动的量比它所推动的生产资料的量相对减少，或者说，表现为劳动过程的主观因素的量比它的客观因素的量相对减少。资本技术构成的这一变化，即生产资料的量比推动它的劳动力的量相对增长，又反映在资本的价值构成上，即资本价值的不变组成部分靠减少它的可变组成部分而增加。”[②] 当资本的价值总量一定时，减少物质资本投资（即资本价值中的不变部分减少），意味着劳动力的量（包括数量和质量）的相对增长，同样可以推动劳动生产率提高，增加剩余价值，并使资本增殖。那么智能资本则是强调劳动力的质量，在劳动力数量不变的情况下，质量的增长同样会提高劳动力的量，亦即智能资本的增长同样会提高一定价值总量的资本所创造的剩余价值。

(2)“在资本构成不变时，对劳动力的需求随积累的增长而增长。”[③] 经济学上有物质资本投资存在边际效益递减的规律：在技术水平一定的条件下，连续地追加不变资本的投资，其边际生产力会逐渐递减，即其对价值的贡献呈递减趋势。为解决物质资本投资可能带来的发展极限和“瓶颈”制约，随着资本积累的不断增长，从长期来看，智能资本对价值增值的重要性将日益显著，所以智能资本作为可变资本占总资本的比率将会呈上升趋势，随之被其决定的产品分配中，智能资本的比率也相应呈上升趋势。小到一个企业大到一个国家乃至整个社会或者全世界，获得持续优势以及成功因素的关键就是这特殊的资源——智力资源。智力资源作为无形的资产、作为可变的资本一经出现，就改变了货币资本在生产关系中“独霸天下”的产品分配状况，其参与社会分配的比例高低直接影响着一个社会资源配置的均衡程度和物质资料的使用效率。智能资本本身已不是传统意义上的可变资本，是“自然因素的应用——在一定程度上自然因素被列入资本的组成部分”[④]。货币资本虽然仍旧是劳动者与生产资料结合的前提，但货币支付买进的已是有差别的智力劳动的脑力劳动者。从劳

---

① 马克思．资本论·第3卷［M］．北京：人民出版社，2004：60.

② 马克思．资本论·第1卷［M］．北京：人民出版社，2004：718.

③ 马克思．资本论·第1卷［M］．北京：人民出版社，2004：707.

④ 马克思恩格斯全集·第47卷［M］．北京：人民出版社，1979：570.

动者与生产资料的结合具体方式方法发生变革的意义上讲，资本的有机构成中智能资本的比重发生了变化，反映到分配上就是从知识和技术的角度赋予了智能资本参加社会分配的权利。

第三，提升智能资本在社会分配中的比重间接地发挥了保护生态的作用。

在生态和谐社会下，科技更加直接地作用于社会生产，使其对生产力、生产关系，对社会的影响更具有绿色的主导性。提升以科技为核心的智能资本在社会分配中的比重会引起实物性生产向知识性生产的变革，从而引发资源配置利用方式的深刻变革。

工业经济是资本家、企业主以自然资源争夺赛为核心途径的生产过程，通过购买经验性的“无差别的人类劳动”把资源加工成实物。实物生产得越多，收益越大，自然资源也被争夺得越激烈而因此不堪承载压力遭到破坏。正因为自然资源的有限，依赖物质资源的生产越来越显得重要，但这并不意味着相关的物质资本的投入也越来越重要，而是正相反，越发退居次要位置。资本主义私有制下资本家就是注重利益的，如果降低货币资本通过掠夺自然而获取的收益，提高智能资本在从生产到分配过程中的收益，使得智能资本越来越创收，那么投资人就无心在争夺自然资源上恋战，而是转而投向知识、科技等的资本投入上，以获取由智能资本带来的更大收益。这样，实物性生产规模的缩小，保护了实物性生产所依赖的自然资源的安全，间接地起到了生态环境保护的作用。

代替实物性生产的是知识性生产。在这一生产中，不仅知识、信息等可以是生产原料和生产工具，实物也可以是生产原料和生产工具，不同的是，运用实物时是为科学技术和高智能机器所指导和控制的，或者说，实物生产的过程中是伴随着知识的传播与应用的。并且，值得一提的是，生产过程中既产生了知识化的实物性产品，即经过人脑加工过的知识化产品，也有知识、信息等纯知识产品。在知识生产中，以大量消耗资源为前提、产品消费过后便成为废弃物的工业经济模式彻底被颠覆，主要通过现代高科技对资源进行科学、合理、综合、集中、集约配置和开发，以知识原料逐渐代替短缺的自然资源，使生产对自然资源依赖程度大大降低。产品消费过后，其载运知识的外壳仍可按新技术重新加工使用。

正因为自然资源的缺乏，才使我们不得不降低对自然的依赖，取而代之以知识、技术为资源的生产。以此建立生态和谐的社会主义并在其社会生产中提升智能资本的收益分配，提倡知识性生产。党中央第一次明确把“坚持和完善按劳分配为主体、多种分配方式并存的分配制度，健全劳动、资本、技术、管理等生产要素按贡献参与分配的制度”写进党的报告中，也是在尊重劳动的基础上给予我们以知识和技术致富的政策引导。

当今人们关注经济的总量和质量，即解决又好又快地把“蛋糕”做大的问题的同时，更加关注收入分配公平，即合理分“蛋糕”的问题。从逻辑上讲，人类首先要解决人与自然的关系，把蛋糕做大。然后来解决人和人的关系，即公平合理地分割蛋糕。如何做好后者，从哲学角度讲，就像大家在同一个舞台上跳舞，要使每个人都各尽其能，就必须做到机会公平和分配公平。这就需要建立一种“经济、政治和社会都担当责任的合理的利益分配结构”。初次分配在市场经济领域进行，主要体现效率优先原则，即多劳多得，各得其所，这是一种“得其应得性公平”，这一层面的分配主要解决分配的效率性，反对平均主义，向能者倾斜，但初次分配在注重解决分配的效率性的同时，会带来收入的差距的拉大，进而会导致结果不公平。于是必须强调结果公平，即把人们收入之间的差距限定在合理限度内，共享发展成果。我国决策层就此在 2007 年至 2009 年间先后举行了 6 次征求意见讨论会，讨论收入新政文件。继 2009 年年底中央经济工作会议传出调整“收入分配”的信号之后，国家领导人在不同场合多次表达了“要加大收入分配调整”的决心。在今年两会上，社会分配问题也再度被空前关注。温家宝同志在做政府工作报告时说，“我们所做的一切都是要让人民生活得更加幸福、更有尊严，让社会更加公正、更加和谐。”五一前夕，胡锦涛总书记在全国劳模和先进工作者表彰大会上讲话时说，“要切实发展和谐劳动关系，建立健全劳动关系协调机制，完善劳动保护机制，让广大劳动群众实现体面劳动。”从温家宝的“尊严生活”说到胡锦涛的“体面劳动”论，这无疑是社会公平正义和公民切实权利的必然诉求，是按劳分配为主的社会主义的核心与党中央对劳动者主体地位的尊重、对以人为本科学发展的深刻认识，是全世界劳动者的共同愿景与和谐社会的题中之义。这也是向中国社会和全世界发出了清晰的信号：靠人海战术提升 GDP 的时代将结束，以牺牲劳工权益、污染环境和大量耗费资源为代价的发展方式将不续，进一步提高劳动者素质，为推动科学发展提供强有力的人力资源支持的“知业经济”社会将到来。

生态系统直接或间接地为人类提供了福利，据科学家估计（Costanza et al.，1997 Nature），全球生态系统的服务功能每年创造的价值大概是 33 万亿美元。但是人类活动破坏了大约2/3 的提供上述经济价值的生态环境，包括湿地、森林、河流和海岸等。社会万象亟待一个生态化向度的改进，构建人与自然和谐的生态和谐社会以修复自然生态为人服务的功能。需要指出的是，虽然生态系统的服务功能是支持人类和生物界生存的基础，是现代技术不能替代的，但在遵循历史发展的大趋势的情况下，人们可以通过科学技术的途径来促进这种协调状态的实现。没有科学技术的和谐功能的发挥，就没有真正的生态和谐的社会。

第五节　科学技术的生态化转向

随着第三次科技革命对经济社会的巨大变革，经济社会的发展呈现出了新的发展特点和趋势。科学技术推动了社会文明的发展，然而，科技工具理性的过度膨胀与扩张使其价值理性遭受遮蔽，带来人性扭曲、资源短缺以及生态危机等阻碍人类社会发展的种种危难。解决人类危难要求生产方式的变革，而要实现这种变革，就必须改变工业化生产方式的技术基础而进行生态化的生产和形成生态化的生产方式。同时，这种新的生产方式的形成又会对科学技术的发展提出新的要求，促使科学技术向有利于新的生产方式形成的方向发展。

一、科学技术生态化是社会发展的内在要求

科学技术推动了社会文明的发展，同时，新的生产方式——生态化的生产方式又需要科学技术的发展呈现出生态化的转向，这也是社会发展的内在需要，而实现科学技术的生态化转向又是一个漫长的过程。任何一项生产技术及其产品的开发，最终是为了应用于生产并形成技术产品，而一旦应用，必然会对自然、社会和人产生不同的影响。因此，技术开发，不仅要考虑它是否能满足人及其社会的需要以及对人及其社会的影响，而且，还要考虑它对自然的影响；要考虑自然技术、社会技术和思维技术的综合应用，以及能否实现自然、社会和人的协调发展。尤其是在生产技术及其产品的开发中，既要考虑它的经济价值和社会价值，又要考虑它的生态价值；既要考虑它对人的物质生活需要的满足，又要考虑它对自然资源的有效利用和影响，以及在生产和消费中可能给生态环境造成的破坏和污染等。生态化生产方式的形成和发展，对科学技术研究和应用所提出的不同于工业化生产方式的要求，促使科学技术的发展呈现

出生态化的转向。

第一，科学发展的动力来自社会发展的要求。科学的发展，特别是现代科学的发展，尽管有其内在的特点和发展规律，但决定其发展方向和发展侧重点的最终决定力量还是来自于生产和社会发展的要求以及所提供的物质支持。科学对文明的贡献就在于“如果科学广泛地用于对社会关系的研究就会产生明显的社会进步”，“人类幸福的目标与科学地目标被认为是一致的”[①]。因此，生态化生产方式的形成首先要求社会要为科学研究创造自由的研究环境和条件，提供必要的社会建制和经济支持，这是科学自由发展的前提，也是其正常发展的重要社会保障。否则，科学必然会走上片面发展的道路。同时，生态化生产方式还要求科学的综合研究和协调发展。其研究的综合性和协调发展性不仅是指自然科学各学科的相互融合、渗透和协调发展，而且还包括自然科学与社会科学的相互融合、渗透和协调发展。对于任何一项涉及自然与社会关系的科学研究，不仅要求包括自然科学和社会科学在内的各学科的广泛合作，而且要求科学工作者们要树立一种整体的自然观即生态自然观，将自然、社会和人看成一个统一的整体，从整体的高度去看待和研究这个高级复杂的系统，并以此来指导他们的合作研究。

如果说，基础理论科学的研究体现为人类对自然、社会等未知领域的现象、本质及其规律的一种自由的科学探索活动（其自由也是相对于应用科学研究和技术开发而言的，因为它还受到科学本身的客观发展状况和社会的价值导向，以及社会资金的支持等），那么，应用科学的研究则主要表现为为满足人及其社会发展的现实需要而进行的一种定向的科学探索活动，具有更为明确的价值指向。尽管应用科学的研究仍表现为一种科学认识活动，但其目的已发生转变，即从认识规律转向应用规律。而生态科学之所以在20世纪60年代受到人们的广泛重视，其生态思想得到广泛传播，除了由于生态环境问题所引起的对解决这一问题的社会需要外，还在于这一学科本身的研究状况和学科特点。生态学从整体上对生态系统发展规律以及人与自然相互作用关系所进行的科学揭示，使得它具备了综合其他自然学科和社会学科、融合自然科学与社会科学的基本条件。这也是人们在探讨人与自然关系、寻求解决生态危机的过程中，总是以生态科学作为其科学基础的重要原因，其基本原理和方法已经成为指导社会生产方式变革的基本思想。

---

① ［加］威·莱易斯．岳长龄，李建华译．自然的控制［M］．重庆：重庆出版社，1993：69.

现代科学的研究已从微观到宏观，从对自然规律的研究到社会规律的研究、再到自然与社会关系的研究。对关系到人及其社会生存与发展的生态系统与社会生产（劳动）系统之间关系的研究，不仅需要自然科学对地球自然中各种复杂因素及其相互关系和变化规律的科学揭示，而且需要社会科学对社会生产（劳动）系统及其发展规律的科学揭示，同时，还需要对地球自然与社会生产（劳动）系统相互作用和影响的关系进行科学的揭示，从而为自然本身的发展、社会自身的发展以及自然与社会的协调发展提供科学的依据。在这里，技术通过在生产中的应用将科学具体化、物质化，以一种现实性的力量体现出来。

第二，技术应用的使命体现社会发展的目标。技术的开发和应用总是体现着人及其社会的价值目标，是人及其社会实现其价值目标的基本手段。在生态化生产中，技术并不是像资本主义社会中作为谋利或创造剩余价值的手段而存在的，而是渗入生态系统并创造着生态系统，它使人类以人道的方式利用自然。

从生态化生产方式对技术的要求来看，生态化生产方式的形成和发展要求技术的开发和应用是对综合性科学研究的应用，要具有综合性或生态化的特点，要体现人及其社会的多重目的，而不是单一目的。其综合性所依据的价值原则就是对人及其社会的需要原则与生态原则的综合应用。

从技术与生产的关系来看，生产的需要是技术开发和应用的直接动力。没有生产的需要，就没有新技术的开发和应用，技术只不过是实现其生产目的的手段。特别是在现代社会中，技术的研究和应用不仅取决于生产和社会的需要，而且还受到社会价值观、伦理观以及发展观等多方面因素的影响。一项技术即使是最新的，如果与社会的价值观、伦理观等相抵触，也会使其研究和应用受到限制。最典型的例子就是克隆技术。由于受社会各种思想观念的影响，在新技术的应用过程中表现出三个阶段：第一个阶段，新技术或新发明是按照受阻力最小的路线发展的；第二阶段，新技术被用来改进过去的旧技术（这个阶段会延续很长时间）；第三阶段，新技术本身将发展出新的使用方向和新的用途；并以微处理技术的产生和发展来说明这一过程。① 可见，技术在推动生产和社会发展的同时，又受到生产和社会的制约，受生产和社会发展要求的引导。

---

① ［美］约翰·奈斯比特．梅燕译．大趋势——改变我们生活的十个方向［M］．北京：中国社会科学出版社，1984：25～30.

总之，实现科学技术的多目的、生态化的开发和应用，需要一个漫长的发展过程。它既需要开发和应用新的生态技术或“绿色技术”，又需要对原有技术进行生态化的改造；既需要科技发展体制的变革，又需要与此相关的经济、社会、政治等体制的变革。

二、科学技术生态化是人与自然和谐共生的实效手段

人与自然和谐共生是将发展的重心转移到人与自然、人与人的和谐关系上，而科学技术作为实现人和自然之间物质变换的一种方式无论是从知识体系还是从工具体系来看，本质上就是一种解放人类的物质与精神的实践。要解决旧的技术范式所造成的自然界结构严重受损问题，达到人类与生态环境、社会环境的共处，就必须实现从有害环境技术向无害环境技术的生态学转变。科技的生态化转向需要经历以下几个阶段：一是开发和应用“处理污染技术”，以解决当前已经造成的环境污染问题，实现对污染物的净化处理。当然，这只是一种“治标不治本”的方法，可以缓解生态危机但不能彻底解决环境问题。二是开发和应用废物再利用技术，对生产过程中所产生的废物和生活中所产生的垃圾进行再利用。这不仅可以提高自然资源的利用率，减少对自然资源的消耗，而且可以减少污染物的排放，减轻对生态环境的污染。三是开发和应用“清洁技术”，即在生产和消费中不产生污染物的技术，实现生产和消费过程的无害排放。最后是形成生态化的技术体系和无废物的生产过程，使生态化的生产方式得以形成，最终实现自然与社会生产的协调发展。① 无论科技生态化的过程多么复杂，生态科技的出炉和应用都是令人翘首企盼的，毕竟它是促使人与自然和谐共生的强有力的实效手段。

其一，依靠生态科技维护自然生态的完整性。科学技术生态化首先是减少工业生产垃圾和生活废物，其次是利用科学技术改进生产工艺、革新生产工具，从而提高对工业废物的利用率，减轻对自然生态的压力。生态科技充分利用生态学所揭示的自然界进化规律，维护了“有此未必然，无此必不然”的自然整体性，使人类活动纳入与自然界制衡的循环、流动之中。通过生态科技推进清洁型生产，使服务或产品的生产过程和生命周期中生成的有毒污染物最小化，这样，生产过程和环保过程合二为一。

其二，依靠生态科技突出人类地位的主导性。传统科技范式下的现代科学

① 余谋昌．生态文化［M］．石家庄：河北教育出版社，2001：379.

技术受利益的驱动和竞争的压迫，忽略了对人自身发展的深层关注，生态科技则克服了这种缺陷，充分展示了人的主体能动性的一面。由于科学技术生态化仿效自然生态系统创造了既能体现人的意志又能充分发挥人在系统中的主导作用的人工生态系统，改变了人的主体性发挥只片面地集中在单级的经济发展的思路上，保全了人类全面发展推进的过程。

其三，依靠生态科技确立文化范式的生态性。生态科技的发展模式，包括三个层面，一是从人类实践层面，改变工业文明以来的发展模式，在文化和价值多样性的基础上超越传统工业文明，推行可持续发展；二是从个体生命的生活视角，改变人的生存方式，在挖掘自己文化资源和生活方式的基础上推行文化自觉，实现可持续生存；三是从人类文化的总体视角看全球时代人类如何处理自己的事情，在文化交流和借鉴中转换文化范式，建设可持续社会。[①] 人与自然的关系，最终反映为人与人之间的关系，直接反映到社会文化上来，以生态科技造就了文化集约和生态集约最大化的发展空间。

总的来看，依靠生态科技，一方面将科学技术转化为现实生产力，解决人与自然之间的矛盾，另一方面将社会生态转化为和谐有序的内生力量，化解人与人以及人与社会的冲突，在人与自然和谐共生中的作用重大。有学者具体总结出要在以下 7 个未来科学技术发展重点中的重点领域推进科技生态化：①智能化微制造技术。②生态化农业技术，包括基因工程技术、无土栽培技术、无害化肥料生产技术、无害化农药生产技术、农产品加工与保鲜技术以及农田水利化、农地园艺化、农业设备化等。③生物工程技术。④循环经济技术，包括洁净生产技术和资源循环利用技术。⑤清洁化的新能源技术，特别是以洁净的自然能源（光能、风能、水能、生物质能）技术替代化石能源技术。⑥新材料技术，包括以半导体材料、信息记录材料、传感器敏感材料、光导纤维等为代表的信息材料技术；以超导材料为代表的能源新材料技术；新型金属材料技术；高分子有机合成技术、纳米技术等。⑦健康与环保技术，包括末端污染控制和治理技术等。[②]

三、科学技术生态化是我国落实生态文明建设的关键环节

引导科学技术创新向着生态化方向发展，是建设生态文明的强有力支撑。

---

① 孟宪平．论生态科技的思想维度和价值向度［J］．科学发展观研究理论月刊，2008（9）：41～44.

② 杨立新，张新宇，郭俊华等．生态文明建设指向的科技发展问题［J］．环渤海经济瞭望，2008（3）：32～34.

党和政府必须为其提供全方位的整体科技政策的导向和宏观经济政策的激励等促进措施，给予经济制度与管理制度上的支持与统筹。在此基础上，建立和完善生态科技创新所需要的诸如科技鉴定和科技评审等全方位的科技成果的生态评价体系和社会支持系统。

企业是生态文明社会下市场竞争的主体，为了创造企业的竞争优势就要进行科技创新，尤其是在当今全球环保意识逐渐增强的情况下，有必要实行绿色战略，研发生态科技，以提高自己在市场上的竞争力，因此企业又是生态文明社会下生态科技创新的主体，通过推进科技生态化，推动生态文明社会技术结构的变化升级。

首先是生态化农业技术。生态文明社会仍然离不开农业基础，而工业文明大厦的科技体系中是以化学农业为基石的，结果造成生态系统功能逐渐退化，工业文明社会大厦坍塌。所以，发展生态化农业技术对于生态文明大厦科学技术体系的建构意义重大，将成为今后农业发展的主要趋势。而且，生态化农业技术的综合创新则要重点开发和示范有普遍推广意义的有害化学物品的生物替代技术、资源回收处理技术、生物质能综合利用技术等，以努力突破制约农业循环经济发展的技术瓶颈。

其次是智能化的微制造科学技术，体现了先进制造技术的前进方向，对于“采掘和利用天然化学物质”的工业文明向生态文明的转型，将发挥先导作用，是生态文明的主导科技和标志性生产力。还有生物工程技术，以基因工程、细胞工程、酶工程和发酵工程为四大先进技术主体，渗透于生态农业、生态工业和人类健康以及环境保护各个方面的技术体系，是支撑生态文明的“核心技术体系”[①]。

另外，作为科学技术转化为现实生产力不可或缺的物质基础的新材料技术，以及循环经济技术、清洁化的新能源技术、新材料技术、健康与环保技术等重点领域开发的生态技术在生态文明社会实现经济集约和生态集约的过程中，发挥着巨大的应用价值，成为广泛而巨大的开发替代能源、清洁能源的攻坚战役的技术条件。

随着科学技术的迅猛发展以及对自然、社会和人的巨大影响，特别是现代技术开发的成本和投入越来越大，技术的多目的性和综合性的实现，需要在技

① 杨立新，张新宇，郭俊华等．生态文明建设指向的科技发展问题［J］．环渤海经济瞭望，2008（3）：32～34.

术开发的过程中以及应用之前，对技术进行有效的评价和筛选。首先，技术的目的性和潜在的作用在技术开发阶段就已经形成了，因此，技术开发阶段是实现技术的多目的性和综合性的关键阶段。只有在生产技术的开发阶段就充分考虑它的社会价值和生态价值，才有可能克服技术开发中的单向性和片面性，并为技术的综合应用或生态化应用奠定基础。其次，建立一种有效的评价体系或机制成为科技开发的一个重要条件。要克服科技开发和应用中的单向性和片面性，就必须在开发和应用之前进行深入地评价，以确定其可行性和是否体现了经济、社会和生态的综合价值，防止有害技术的出现和应用。技术开发过程中的技术评价越来越受到生产企业和社会各界的广泛重视，成为国家、企业进行政策决策的重要内容。促进生态科技的发展，便是在这种技术评价基础上的一项科学决策。

有科学决策指导，人文思维做伴，接下来就是要把科学和人文思维指导下的生态文明付诸实践，让理论成为现实。生态文明建设就在于技术一举，在于利用和改造自然的过程中使技术的循环参与历经圆满的过程，在于使科技、生态和人性处于动态平衡当中。这样，技术一方面协助自然创伤的恢复，让自然重回生命活力的状态；另一方面达到实用、审美、精神等多重价值并存，切实解决人类生存和发展问题。人类采取的每一个活动实际上都是自然对于人类智慧的考验，科技发展并不违背生态文明建设的宗旨，我们不但不能排斥技术反而要激发绿色技术发展的活力，实现科学技术的生态转向，让生态技术参与生态文明的建设，解决生态文明中的难题，缔造生态文明的新局面。

结语

在研究生态哲学的这两年多时间里，我从未感到过紧张。但在这最后时刻，却忙得寝食难安。每天只要一睁开眼睛就有重要的新闻出现：2010 年初春的西北、华北部分地区出现沙尘天气，影响土地面积约 100 万平方公里，受影响人口约 6100 万，更有百年不遇的西南地区特大旱灾、60 年不遇的秋冬春连旱和 4 月 12 日冰城特大暴雪以及 12 月份我国遭遇 4 次冷空气袭击……动辄 60 年不遇、100 年不遇的新闻字眼让人惊心动魄。

回想起 2008 年伊始的百年难遇的南方雪灾、2009 年是我国北方干旱非常严重的一年等这些已经过去的事实，更是发现它们无不包含着生态因素，无不对当今中国有着方方面面的或好或坏的极不平凡的深远影响。面对这些接二连三发生的事件，每天坐在电脑前就总有新思路涌现，总有新想法出现，总觉得还有需要修改和补充的地方，总觉得完全有必要将它们写进来，觉得永远都有研究不完的东西。生态问题对于我们人类实在是太重要的基础性问题了，而我的研究却只涉及了皮毛，我想如果这本书不用交稿的话可能永远都改不完。

人与自然的关系在中国一直是一个谈论得多理解得少的问题：一方面，因为它本身是一个开放的常议常新的体系；另一方面，因为以往对其的研究丧失了理论与现实应有的张力而显得平淡无奇。历史经验表明，当人类与自然处于平等、共生、互利、和谐关系的时候，自然就能提供良好的生存和发展环境来造福于人类，服务于人类。自然不再为人类造福而是报复的事态是我们决不允许的，但 2010 年里所发生的一系列事件却向我们人类昭示着“自然很生气，后果很严重”的威胁。

海地地震造成的人员伤亡和地震后频繁发生骚乱，表明了一旦发生自然灾害，不仅会加剧人和自然之间的对立关系，更会造成人与人之间社会关系的迷茫。

沙尘暴的突然大范围肆虐虽然在目前的研究界尚未有定论，但不可否认的是，与 20 世纪 90 年代前期北方地区土地荒漠化、内蒙古草原的退化与沙漠化和河北农牧交错地带土地退化等问题相关。这说明当前大规模的、无序的人类活动已打破了自然界生态结构，改变了地球生态系统的演变方向，构成了对人类生存安全极其严峻的挑战。

西南地区的干旱不禁让人联想到是否与澜沧江建设水坝和水电站有关，是否由于建坝建站导致了湄公河次区域国家水位下降而造成了此次的特大旱灾。虽然这并无什么根据，但人们已经越来越开始审视自身的活动，考虑起人化的结果是否符合自然的平衡规律。

在一些局部区域还出现了为了争夺水土资源、石油能源而频繁发动的战争，使得人与社会的关系更加紧张。这说明人与人的关系越发表现为以自然为中介的交往关系。

这些事件表面上看似孤立，但本质上是存在关联的，而联结的主线就是人与自然的关系，深入贯彻和全面落实科学发展观的必要性、紧迫性和正确性也由此不言而喻。人与自然的和谐共生既是一个具有多维度意义的重要理论问题，也是实际工作中的重要问题。一部人类社会的发展史，也是人与自然的关系史。本书由此出发开始对人与自然和谐共生的理论内涵进行解析，指出对自然的保护是主体利益原则和客体需要平衡两方面的要求，并指明和谐共生给予当下现实的导向作用。人类历史进化的规律表明，生产力的发展是社会进步的最终决定力量。只有坚持以经济建设为中心，不断解放和革新作用于自然的生产力，才能为人类提供坚实的物质基础。而要在中国未来20年的时间内就走上生产发展、生活富裕、生态良好的生态文明发展道路，我们就必须提升科学发展观的理论认知，充分体现“以人为本”的基本民生诉求，维持、扩大和保护自然的资源基础和生态服务基础。因为科学发展观强调“自然、经济、社会”冗杂关系的整体协调，揭示“协调、发展、持续”复杂系统的运行本质，反映“效率、创新、公平”繁缛程序的有机统一；因为科学发展观的理论核心，紧密围绕两条基础主线：一是努力把握人与自然之间关系的平衡发展及其合理性存在，二是努力实现人与人之间关系的协调，而有效协调“人与自然”的关系，是保障科学发展的基础；因为在人与自然的关系上，“以人为本”中的“人”和“人与自然和谐共生”中的“人”都是具有双重特征意义的人：它既是发展的主体又是发展的对象（客体）；因为在科学发展的视野中，重新审视和定位了人的生存状态和当代中国人的生存环境，伴随着新资源观的更新和新的资源配置方式的正义性而进入生态技术社会形态。

人与自然和谐共生既关照了人的现实存在，又关照了人的未来存在；既强调理论层面上的人与自然辩证统一、互动和谐，又强调实践层面上的被改造、应保护的主客关系。科学发展观在人与自然的关系上体现出的对自然生态地位的重视是从社会生存环境出发，构建人与自然的完美和谐，其根本目标是实现社会的可持续发展和生态和谐及其社会内部的和谐。而保护和珍惜自然环境，使人类的生产和消费活动与自然生态系统协调发展是可持续发展的必要条件。可见，人与自然的和谐共生是经济和社会发展的前提和基础。而要弹拨人与自然的和谐音符，实现人文、科技和整个生态圈环境的一体化才是根本的途径，亦即要坚持科学发展观的指导，走资源节约型道路，建设处处有正义、处处有环保的环境友好型社会。

附录　全球化背景下的中国环境与世界环境

一、国际贸易对中国环境与发展的影响

国际贸易对中国环境的影响较为复杂，但总体看，包括环境改善效应和环境负效应两个大的方面。

（一）国际贸易的环境改善效应

国际贸易扩大了资源的配置范围，使生产和消费活动能够超出中国自然资源的供给范围和环境的承载容量，使中国可以通过进口资源和生态服务来解决国内短缺资源的供给问题。

（1）通过进口原材料和能源，缓解了中国资源短缺和能源供求失衡的矛盾。由于对资源和能源需求的日益扩大，中国进口原材料和能源的数量迅速增加，成为全球原材料和能源重要的进口国。近年来，中国经济的持续快速增长和交通运输行业的飞速发展导致了石油需求的快速增长，国内石油供应趋紧，需通过进口缓解供需矛盾。从1993年起中国由石油净出口国变为净进口国。石油消费对进口的依赖程度从2001年的29.1%上升到2006年的47.3%。一方面，原材料的直接进口扩大了资源供给，缓解了市场需求矛盾；另一方面，由于资源包含于进口的产品之中，借助贸易可以实现资源的间接进口。例如，1996—2001年间通过粮食进口相当于节省了国内1860亿立方米水资源。

（2）通过进口废弃物资源，补充了资源的直接进口。近年来，中国废弃物资源进口增长较快，目前已成为全球最大的废弃物进口国。进口可利用的废弃物可以替代部分资源的直接进口，对于中国和全球的资源循环利用具有积极意义。由于发达国家进行废弃物处置的成本高，而中国的处置成本较为低廉。因此，中国在废旧资源的贸易中具有比较优势。2006年，中国进口废物资源3895万吨，进口金额达133.47亿美元。在部分产品中，进口废弃资源占相当高的比重。例如，2006年，中国进口废钢铁418.8万吨，相当于当年1851万

吨进口钢材的1/5以上；进口废纸 1962 万吨，相当于当年 796 万吨进口纸浆的两倍多。

（3）通过引进国外先进技术和设备，提高了国内资源的利用效率，提高了环境治理水平。积极开展对外贸易活动，还为中国提供了解决环境和发展问题先进的技术和管理经验。在目前发达国家的资源利用效率和环境治理水平明显高于中国的情况下，通过开展技术贸易和货物贸易，直接引进发达国家的先进技术和设备，既可以使中国国内资源的利用效率得到明显提高，也可以迅速提升中国的环境治理水平。近年来，中国服务贸易发展迅速，1982—2005 年间，服务贸易进出口总额从 43.4 亿美元增长到 1570.8 亿美元，20 多年间增长了 35.5 倍。中国已经成为全球高技术产品的重要进口国，其进口额甚至超过了能源等国内短缺资源性产品的进口。例如，2005 年，中国进口计算机芯片 810 亿美元，是当年原油进口额的 1.6 倍。

（二）国际贸易的环境负效应

贸易是货物或服务的价值交换过程，既承载着一定的经济价值，又承载着一定的资源消耗与环境污染。随着中国对世界贸易增长的贡献越来越大，中国在向全球输出大量制造业产品，成为全球重要加工基地的同时，全球资源消耗越来越向中国集中，环境污染也呈进一步加剧的趋势。事实上，中国在迅速积累货物贸易顺差的同时，也在迅速积累环境贸易逆差。

国际贸易对中国环境的负面环境影响主要表现在 3 个方面：一是货物贸易的大量出口，特别是一些高耗能、高污染、资源密集型产品的出口，进一步加剧了中国环境和资源的压力，加速了一些地区不可再生资源的过度消耗和生态环境的退化。二是伴随着中国废弃物资源进口总量的增长，非法废弃物进口屡禁不止，造成了严重的环境问题。全球数量惊人的电子垃圾中，有 80%出口亚洲，其中又有 90%进入中国。三是中国进口产品中有许多奢侈品，例如，进口大排量豪华轿车带来了多方面的负面效应：耗油量大，污染严重；耗资大，机会成本高，使得投入环境改善的资金减少；促成社会对奢侈消费方式的仿效，客观上加剧了国内环境压力。

1. 由于对外贸易迅速增长而付出的资源和环境代价

近年来，中国对外贸易总量巨大且连续多年出现顺差。2006 年，中国货物进出口总额 17606.9 亿美元，顺差 1755 亿美元，经常账户余额已经占到 GDP 的 9%左右。过大的贸易顺差不仅造成国际收支严重失衡，引发贸易争端，而且中国还为此付出了巨大的资源和环境代价。首先，由于国内资源税和资源补偿费过低，以及环境污染没有真正计入企业成本，导致资源性产品过度供给，相应地刺激了下游重化工业的过度投资，并且导致高能耗、高污染、资源密集型产品大量出口。这相当于用中国的资源和原材料去补贴国外消费者，同时把大量污染留在国内，造成中国居民福利的净损失。例如，通过对1999—2004年中国纺织行业出口商品的环境影响评估发现，纺织行业出口规模扩大的同时，污染物总量和能源消耗也呈相应的增加趋势。其次，对废弃物贸易的研究发现，许多进口废物在中国处理后，提炼回收的资源产品，通过中间商又运回发达国家，没有起到补充国内资源不足的目的，而只是以污染环境、消耗能源来换取微薄利润。

2. 从内涵能源的净出口看中国资源、环境问题的实质

尽管中国不断提升外贸出口结构，但在国际贸易体系和产品供应链中仍处于相对低端。与从发达国家进口的产品相比，中国出口产品的附加值较低，单位出口贸易额的资源能源消耗较高。研究表明，无论从绝对值还是从增长速度看，外贸出口背后的内涵能源（产品生产上游加工、制造、运输等全过程所消耗的总能源。）都是相当大的。近年来，中国已经成为内涵能源的净出口国。据测算，从2001—2006年，中国净出口内涵能源从2.1亿吨标煤增长到6.3亿吨标煤，呈稳定快速增长趋势。其中，2002年中国内涵能源净出口总量约2.4亿吨标煤，占当年国内一次能源消费的16%。内涵能源出口主要流向发达国家，如美国和日本，分别为7524万吨标煤和4894万吨标煤，二者之和占净出口内涵能源总量的50%以上。从部门分析看，一些传统的出口优势部门因出口总量较大而位居内涵能源出口的前列。在出口贸易总额中占前3位的服装及其他纤维制品制造、仪器仪表文化办公用机械、电气机械及器材制造业是出口内涵能源最多的部门。以2002年为例，3行业分别占内涵能源出口量的13.4%、12.3%和12.5%。此外，化学原料及制品制造业、黑色金属冶炼及压延加工业，尽管在贸易总额中所占比例不高，分别为3.5%和1%，但其出口商品是典型的能源密集型产品，在内涵能源出口中的比例分别为7.1%和2.3%，大大高于其贸易额的比例。

中国在内涵能源净出口的同时，还在国内净增加大量二氧化碳和二氧化硫排放。根据研究，2004年，中国出口的内涵能源为4.62亿吨碳，进口的内涵能源1.4亿吨碳，相当于净增国内碳排放3.22亿吨碳。此外，通过贸易和环境的平衡核算还发现，“十五”期间每年通过对外贸易造成的二氧化硫逆差约

为150万吨，占每年二氧化硫排放总量的近6%。

内涵能源的研究揭示了近年来中国能源消耗、主要污染物和二氧化碳排放的快速增长，不仅是国内投资和消费需求增长的结果，而且也是国外市场需求拉动货物出口迅速增加的结果。发达国家从中国进口商品替代本国生产，在增加中国能源消费和排放的同时，实际上减少了自身的能源消费和排放，是主要的受益方，尤其是美国，占2002年中国净出口内涵能源总量的31%，其次是日本和欧盟等国家和地区。

由此看来，只考虑贸易顺差的财富积累效应是不全面的。尽管贸易能够推动经济增长，但同时还应考虑目前的贸易增长方式在拉动经济增长的同时也对资源环境带来了巨大的压力。因此，应高度关注目前贸易增长的资源环境代价，推动国内产业结构的调整和贸易发展方式的优化。

二、外国直接投资对中国环境与发展的影响

20世纪90年代以来，中国成为全球外国直接投资（FDI）的重要流入地，利用外国直接投资额长期居发展中国家首位。据联合国贸发会议统计，2005年，全球FDI为9160亿美元，中国虽然引进外资政策发生变化，但2005年仍引进FDI724亿美元，是全球第三大FDI接受国，占发展中国家引进FDI的22%。目前，来华投资的国家和地区超过190个，全球最大的500家跨国公司中有近450家在华投资。

FDI对中国环境与发展的影响也表现在积极影响和消极影响两个方面：

（一）FDI对中国环境与发展的贡献

FDI对中国环境与发展的贡献首先表现在促进了中国的技术进步和产业结构升级，并提高了治理环境污染的能力。20世纪90年代以来，在中国利用外资政策的引导下，许多跨国企业在对中国增加投资的同时还开展了大量的研究开发和技术转让活动。对于相关行业而言，技术转让的“溢出效应”不但带来了先进的技术产品和设备，而且还提高了国内企业的管理水平。外商投资企业进出口额占中国对外贸易进出口总额的60%左右，对推动中国对外贸易的发展起重要作用。在地区分布上，外资在东部沿海地区的集中提高了这一地区产业集聚水平，并发挥示范辐射效应，促进中西部的劳动力转移和技能提升。

许多大型跨国公司注重环境保护等方面的社会责任，投资的同时也带来了先进的污染防治技术和环境管理经验，并积极开展清洁生产，在中国环境保护

领域起到了一定的示范作用。

（二）FDI对中国环境与发展的负面影响

随着FDI流入规模的迅速增长，对中国环境与发展的不利影响日益显现。首先，外资企业以加工贸易为主的大规模出口，助推了近年来贸易顺差上升，国际收支不平衡进一步加剧，人民币升值压力增大。其次，对外资的“超国民待遇”导致外资对内资形成“挤出效应”，抑制内资企业的发展壮大。国务院发展研究中心的研究报告指出，在中国已经开放的产业中，每个产业排名前五位的企业几乎都由外资控制。中国28个主要产业中，外资在21个产业拥有多数资产控制权。中国民族品牌也屡受跨国公司品牌的打压。第三，中国引资政策的缺陷和引资结构的不平衡加剧了中国产业结构、区域结构和企业结构的不平衡。近年来，中国实际利用外资金额中制造业一般占70％左右，农业和服务业的比重不高。在区域分布中，85％的FDI都集中在东部地区，中西部地区只有15％。

值得注意的是，FDI所选用的技术虽然高于国内一般水平，但并非国际先进水平，资源效率和环境绩效低于发达国家本土的先进技术。由于技术投入的锁定效应，不可能立即采用更先进的技术，从而推延了中国产业的技术升级和创新。此外，基于跨国公司技术垄断和技术保密等因素，近年来外商企业独资的趋势越来越强，加大了中国利用国际先进技术的难度。

随着中国引入FDI规模的不断扩大，FDI对中国资源和环境造成的负面影响在增大。资料表明，外商投资企业正在向资源消耗型、污染密集型产业集中。1995年，投资污染密集产业的外商占外商投资企业数的30％左右，到2005年，这一数字上升到84.19％。与此相比，对环保产业的外商投资所占比例不到0.2％。此外，由于东部地区环境标准逐渐提高，受到中西部开发战略的推动，外资可能转向中西部发展采掘业和制造业，并转移东部地区落后的淘汰行业，最终结果可能是向中西部地区进行变相的“污染转移”。

综合考虑FDI对中国发展与环境的影响，在企业和地方层面，FDI带来的经济效益明显。但是，从宏观层面看，FDI对环境与发展的负面影响需要引起高度关注。之所以在微观和宏观上形成较大的反差，是因为中国的引资政策、对地方政府的考核机制和其他相关的政策还不到位，从而导致地方政府产生以环境换资金，把引资数量当成提高政绩的错误观念，以及中国资源价格低、环境标准低、环境法规不健全、环境执法不严等原因造成的。

三、中国经济发展对全球的影响

（一）中国经济和贸易增长对全球的贡献

中国的贡献首先表现在为世界经济增长提供新的动力、成为带动世界经济和国际贸易增长的新的发动机。根据世界银行的数据，入世以来，中国经济增长对世界经济增长的平均贡献率为13%，2005年接近29%。其次，通过带动全球产业结构的变化，使初级产品出口国地位上升，一些发展中国家因此而受益。中国对石油和原材料需求的快速增长和国际市场价格的高涨，使一些发展中国家改善了国际收支状况，更多的发展中国家实现了较快的经济增长。第三，提高了全球资源配置效率，为国际市场提供了大量物美价廉的商品，促进了发达国家产业结构的调整，抑制了通货膨胀。例如，欧盟在中国入世之后的5年间，不但大大受益于对中国的投资，而且从中国的进口增长了1倍，价格低廉的商品有助于其抑制通胀和利率上升。第四，中国对外投资迅速增长，中国政府和企业通过投资和援助项目协助发展中国家建立大量的基础设施，进行人员培训和技术转移，促进了非洲等发展中国家和地区的经济发展和就业。

（二）中国日益增长的发展需求对全球环境与发展的压力

中国经济发展在对全球发展带来积极影响的同时，也给全球资源和环境造成一定的压力。这种压力体现在两个方面：首先，由于中国经济迅速增长，以及巨大的生产和消费活动，对全球资源和环境形成较大的压力。2004年中国GDP约占世界的5%，然而，根据世界银行的计算，1994—2004年中国能源消耗占全球新增消耗量的30%，其中煤炭占59%，石油占28%，钢的消耗占全球新增消耗量一半左右。其次，中国在获取外部资源、开拓国外市场的过程中，由于受技术因素和经验不足的制约，对其他国家和地区的环境状况也带来一些负面影响。这些问题本质上是发展过程中的问题，既是由于中国巨大的经济社会发展需求引起的，同时也是在经济全球化的条件下，国际市场需求推动的结果，最终也会在发展中得到解决。

四、中国对外投资及其全球影响

近年来，中国对外投资迅速增长。1990—2006年，中国对外投资增长了23.5倍。2002—2006年，对外投资年均增长60%，位居世界前列。截至2006

年年底，已有超过 5000 家国内企业在 172 个国家建立了近 1 万家海外企业，对外直接投资累计净额达 906.3 亿美元。2006 年中国直接投资的比重已经占到全球的 2.7%，位于发展中国家首位，全球第 13 位。在地区分布上，南美、亚洲、欧洲和非洲是中国对外投资的主要流向地区。

伴随着中国的对外投资，中国服务贸易出口近年来也快速增长。中国服务贸易出口在全球服务贸易出口总额中所占的比重从 1982 年的 0.7%提高到 2005 年的 3.3%，世界排名相应由第 28 位上升到第 8 位。中国对外投资和服务贸易的发展促进了全球经济的繁荣和稳定发展。

中国对外投资的发展经历了从政府主导向市场导向转变的过程，其主要表现为：从政治目标导向到商业利益导向；从中央统一调控到地方自主管理和企业导向；从资源获取的单一目标到寻求资源、技术和市场的多重目的。

但是，由于受利益导向驱动，加上监督管理不到位，出现了一些中国企业在国外投资开发过程中污染和破坏当地环境的现象，造成了一定的负面影响。对此可从企业环境责任着手，将国际上作为自愿性措施的“企业社会责任”融入国家贸易政策、投资政策、金融和信贷等政策，加强政府的引导和管理，促进中国对外投资的持续和健康发展。

五、中国不同发展模式选择对全球的影响

从世界各国工业化发展的历程看，先行工业化国家的能耗强度曲线基本呈现先升后降的倒 U 型走势，并与产业结构的阶段性演变相比呈现出很强的对应关系。根据统计数据，2006 年中国能源消耗强度和单位 GDP 污染物排放开始出现拐点，2007 年前三季度，单位 GDP 能耗在 2006 年的基础上继续下降，同比降低 3%，二氧化硫和化学需氧量排放总量由升转降，同比分别减少 1.81%和 0.28%，氮氧化物排放总量增幅明显减小。但目前中国总体上处于资本密集型的工业化阶段，也就是能耗强度和污染物排放总量上升时期。预计到 2010 年左右，中国高能耗、高污染的原材料产业的发展速度将会趋于稳定，而附加价值较高的高加工度制造业将成为工业增长的主导。然而，由于中国巨大的工业规模，将导致能源消费和二氧化碳排放总量继续增加，在全球大气环境容量有限、气候变化的影响明显显现的情况下，中国需要进一步做好节能减排工作。

不同的工业化模式将对能源和环境产生不同的影响。为与传统的工业化模式相区别，中国政府确定了新型工业化道路。新型工业化是建立在资源节约和

环境友好基础之上的工业化，既体现传统工业化的部分特征，同时利用世界科技革命的最新成果，跟踪先行工业化国家产业发展的基本趋势，使现代服务业也获得较快的发展。

从总体上看，中国所走的是压缩式的工业化道路，即在工业化的进程上与先行工业化国家相比明显缩短，但是在短时间内的能源和资源消耗强度明显上升。对于中国工业化道路、工业化与能源环境的关系，以及对全球能源和环境的影响，有5个基本判断：第一，中国工业化面临的约束条件与先行工业化国家的工业化不同，更直接地体现在人口、资源和环境的约束上，虽然资金和技术约束也在一定程度上存在。第二，中国工业化的终点与先行的工业化国家不同，特别是体现在资源消耗和物质财富的人均占有量上。第三，中国摆脱工业化约束条件的路径与先行工业化国家不同，不是通过殖民掠夺的方式，而是在和平与发展的大环境下，在现有的国际公约和组织框架下进行。第四，中国工业化与先行工业化国家的不同还在于中国工业化的界限是不清晰的，不是整齐划一的，各种生产要素密集型的产业同时存在，但主体已经完成了工业化。第五，中国工业化是在经济全球化深入发展和中国深层次参与全球化的背景下进行的，中国的资源问题既要在全球范围内解决，又要考虑由此可能对全球环境带来的不利影响，这是中国工业化过程中必须妥善解决的一个重要问题。

资料来源：引自《中国环境报》2008年2月29日。

参考文献

一、中外文献和论文资料

[1] 马克思恩格斯选集·第1卷 [M]. 北京：人民出版社，1995.

[2] 马克思恩格斯选集·第2卷 [M]. 北京：人民出版社，1995.

[3] 马克思恩格斯选集·第3卷 [M]. 北京：人民出版社，1995.

[4] 马克思恩格斯选集·第4卷 [M]. 北京：人民出版社，1995.

[5] 马克思恩格斯全集·第1卷 [M]. 北京：人民出版社，1956.

[6] 马克思恩格斯全集·第3卷 [M]. 北京：人民出版社，1972.

[7] 马克思恩格斯全集·第6卷 [M]. 北京：人民出版社，1961.

[8] 马克思恩格斯全集·第7卷 [M]. 北京：人民出版社，1959.

[9] 马克思恩格斯全集·第12卷 [M]. 北京：人民出版社，1962.

[10] 马克思恩格斯全集·第19卷 [M]. 北京：人民出版社，1963.

[11] 马克思恩格斯全集·第20卷 [M]. 北京：人民出版社，1971.

[12] 马克思恩格斯全集·第23卷 [M]. 北京：人民出版社，1972.

[13] 马克思恩格斯全集·第25卷 [M]. 北京：人民出版社，1974.

[14] 马克思恩格斯全集·第32卷 [M]. 北京：人民出版社，1974.

[15] 马克思恩格斯全集·第42卷 [M]. 北京：人民出版社，1979.

[16] 马克思恩格斯全集·第46卷（上）[M]. 北京：人民出版社，1979.

[17] 马克思恩格斯全集·第46卷（下）[M]. 北京：人民出版社，1980.

[18] 马克思恩格斯全集·第47卷 [M]. 北京：人民出版社，1979.

[19] 马克思. 资本论·第1卷 [M]. 北京：人民出版社，2004.

[20] 马克思. 资本论·第3卷 [M]. 北京：人民出版社，2004.

[21] 马克思. 1844年经济学哲学手稿 [M]. 北京：人民出版社，1979.

[22] 马克思. 机器、自然力和科学的应用 [M]. 北京：人民出版社，1978.

[23] 恩格斯. 自然辩证法 [M]. 北京：人民出版社，1984.

[24] 列宁选集·第2卷 [M]. 北京：人民出版社，1995.

[25] 邓小平文选·第2卷 [M]. 北京：人民出版社，1994.

[26] 中共中央关于完善社会主义市场经济体制若干问题的决定 [N]. 人民日报，

2003-10-22（1）.

[27] 中国共产党第十七次全国代表大会文件汇编 [M]. 北京：人民出版社，2007.

[28] 胡锦涛 . 高举中国特色社会主义伟大旗帜为夺取全面建设小康社会新胜利而奋斗——在中国共产党第十七次全国代表大会上的报告 [R]. 北京：人民出版社，2007.

[29] 胡锦涛 . 认真落实科学发展观的要求切实做好人口资源环境工作 [N]. 人民日报，2004-3-11（1）.

[30] 张岱年 . 中国哲学大纲 [M]. 北京：中国社会科学出版社，1982.

[31] 成中英 . 论中西哲学精神 [M]. 上海：东方出版中心，1991.

[32] 陈墀成 . 全球生态环境问题的哲学反思 [M]. 北京：中华书局，2005.

[33] 余谋昌，王耀先 . 环境伦理学 [M]. 北京：高等教育出版社，2004.

[34] 余谋昌 . 生态伦理学——从理论走向实践 [M]. 北京：首都师范大学出版社，1999.

[35] 余谋昌 . 生态人类中心主义是当代环保运动的唯一旗帜吗？[J]. 自然辩证法研究，97（9）：9～14.

[36] 钱俊生，余谋昌 . 生态哲学 [M]. 北京：中共中央党校出版社，2004.

[37] 李君如 . 社会主义和谐社会论 [M]. 北京：人民出版社，2005.

[38] 冯鹏志 . 知识经济与社会创新 [M]. 北京：党建出版社，2000.

[39] 郝永平，冯鹏志 . 地球告急：挑战人类面临的 25 个危机 [M]. 北京：当代世界出版社，1998.

[40] 杨信礼 . 发展哲学引论 [M]. 西安：陕西人民出版社，2001，44.

[41] 赵理文 . 论历史发展的合主体性 [J]. 中共中央党校学报，2004（2）：10～15.

[42] 赵理文 . 历史发展之谜与马克思主义的科学解答 [M]. 南宁：广西人民出版社，1999.

[43] 刘宗超 . 生态文明与中国可持续发展走向 [M]. 北京：中国科学技术出版社，1997.

[44] 王国聘 . 生存智慧的新探索——现代环境伦理的理论与实践 [J]. 南京社会科学，1997（4）：13～20.

[45] 高中华 . 环境问题抉择论——生态文明时代的理性思考 [M]. 北京：社会科学文献出版社，2004.

[46] 曾建平，杨方 . 人与自然的关系构成及道德意蕴 [J]. 江西师范大学学报（哲学社会科学版），2002（1）：60～66.

[47] 何小英 . "天人合一"思想与当代生态伦理教育 [J]. 船山学刊，2004（3）：156～157.

[48] 杨通进 . 人类中心论与环境伦理学 [J]. 中国人民大学学报，1998（6）：54～59.

[49] 曾建平 . 自然之思：西方生态伦理思想探究 [M]. 北京：中国社会科学出版社，2004.

[50] 牛文元 . 全面建设小康社会的科学发展观 [J]. 中国科学院院刊，2004（3）：194～198.

[51] 黄富峰 . 科学发展观与生态思维 [N]. 光明日报，2004-6-5（4）.

[52] 雷毅．生态伦理学［M]．西安：陕西人民教育出版社，2000.
[53] 王正平．环境哲学—环境伦理的跨学科研究［M]．上海：上海人民出版社，2004.
[54] 黄顺基．自然辩证法概论［J]．北京：高等教育出版社，2004.
[55] 陈安金．人以外的存在物也具有“内在价值”与“权利”吗——关于非人类中心主义环境伦理观的理论思考［J]．学术月刊，2001（11）：24～30.
[56] 胡乔木．中国大百科全书·环境科学［M]．北京：中国大百科全书出版社，1983.
[57] 林学达．哲学视阈中的科学发展观研究［D]．中共中央党校博士学位论文，2007.
[58] 解保军．马克思自然观的生态哲学意蕴［M]．哈尔滨：黑龙江人民出版社，2002：8～39.
[59] 张文喜．对人的全面发展的思考［J]．浙江社会科学，1996（2）：66～83.
[60] 张海荣．生态伦理与生态美学［M]．上海：复旦大学出版社，2005.
[61] 刘福森．自然中心主义生态伦理观的理论困境［J]．中国社会科学，1997（3）：45～53.
[62] 李培超．自然的伦理尊严［M]．南昌：江西人民出版社，2001.
[63] 童天湘等．新自然观［M]．中共中央党校出版社，1998.
[64] 黑格尔．精神现象学（下卷）［M]．北京：商务印书馆，1996.
[65] 樊浩．中国伦理精神的历史建构［M]．南京：江苏人民出版社，1992.
[66] 陈爱华．科学与人文的契合［M]．长春：吉林人民出版社，2003.
[67] 高兆明．“社会伦理”辨［J]．学海，2000（5）：36～40.
[68] 苏宝梅，刘宗贤，刘长明．和谐伦理学宣言——为了所有生物和非生物存在的和谐发展［J]．济南大学学报，2002（5）：1～10.
[69] 苏宝梅．我的和谐伦理观［J]．济南大学学报，2003（3）：1～10.
[70] 范曾．向和谐社会表达［N]．人民日报，2007-2-19（4）.
[71] 钱中文．文学理论：走向交往对话的时代［M]．北京：北京大学出版社，1999.
[72] 周易·系辞下［M]．上海：商务出版社，1989.
[73] 王文锦．礼记译解［M]．北京：中华书局，2001.
[74] 罗富明．异在与共生——生态审美视野中的瑶族文化［D]．南宁：广西民族大学硕士学位论文，2008.
[75] 黄秉生．壮族文化根系与壮族文化生态美［J]．广西民族大学学报，2003（2）：81～103.
[76] 袁鼎生，黄秉生，黄理彪等．生态审美学［M]．北京：中国文史出版社，2002.
[77] 郭艳华．走向生态文明［M]．北京：中国社会出版社，2004.
[78] 蒋孔阳．德国古典美学［M]．北京：商务印书馆，1984.
[79] 曹山河．论自然价值规律［J]．求索，1994（6）：61～66.
[80] 徐长福．劳动的实践化和实践的生产化——从亚里士多德传统解读马克思的实践概念［J].学术研究，2003（11）：47～54.
[81] 爱因斯坦．爱因斯坦文集·第3卷［M]．北京：商务印书馆，1979.
[82] 周林东．奴隶与伙伴——环境新伦理［M]．武汉：湖北教育出版社，2000.

[83] 孙美堂，杜中臣．文化即“人化”——文化概念的一种诠释及其意义［J］．中国人民大学学报，2004（6）：35～40.
[84] 郭湛，田建华．理解文化及其可持续发展［J］．中国人民大学学报，2002（5）：20～25.
[85] 吴克礼．文化学教程［M］．上海：上海外语教育出版社，2002.
[86] 高亮华．论海德格尔的技术哲学［J］．自然辩证法通讯，1992（04）：19～25.
[87] 殷正坤．试析技术的本质［J］．天津社会科学，2001（4）：41～44.
[88] 刘冠军，张玉春．科学技术的异化及其克服全球性生态环境危机的根源及其解除［J］．人文杂志，1998（4）：18～21.
[89] 肖中舟．关于工业技术文明批判的若干思考［J］．深圳大学学报（人文社会科学版），2000（3）：36～37.
[90] 赵定涛，王士平．绿色技术与自然、社会的协调发展［J］．安徽大学学报（哲学社会科学版），1997（4）：96.
[91] 乌杰．系统辩证论［M］．北京：人民出版社，1991.
[92] 梅常庆等．人与自然关系的哲学思考［J］．锦州医学院学报，1994（6）：4.
[93] 叶平．生态哲学的内政逻辑：自然（界）权利的本质［J］．哲学研究，2006（1）：92～98.
[94] 陈昌曙．自然辩证法概论新编［M］．沈阳：东北大学出版社，2001.
[95] 世界环境与发展委员会，王之佳等译．我们共同的未来［M］．长春：吉林人民出版社，1997.
[96] 胡鞍钢．我国真实国民储蓄与自然资产损失（1970—1998）［J］．北京大学学报，2001（4）：49～56.
[97] 马小军，黄全胜．全球气候变化中的政治风云——“巴厘岛路线图”诞生始末［J］．领导之友，2008（2）：54～55.
[98] 崔大鹏．低碳经济漫谈［J］．环境教育，2009（7）：13～21.
[99] 李伟，白梅．国外循环经济发展的典型模式及启示［J］．经济纵横，2009（4）：80～81.
[100] 马世忠．循环经济指标体系与支撑体系研究［M］．北京：中国经济出版社，2007.
[101] 黄海峰等．德国发展循环经济的经验及其对我国的启示［J］．北京工业大学学报，2005（6）：38～42.
[102] 魏全平，童适平．日本的循环经济［M］．上海：上海人民出版社，2006.
[103] 陈晨．电子废弃物的法律定义探索——欧盟立法的启示［J］．环境经济杂志，2006（33）：52～53.
[104] 张海滨．全球环境与发展问题对当代国际关系的挑战［J］．世界经济与政治，1993（3）：35～39.
[105] 吴金勇，刘婷．气候政治［EB/OL］．http：//www.sina.com.cn，2007-5-24.
[106] 刘成君．贝克特德“环保外交”说明了什么［N］．学习时报，2007-5-7（2）．
[107] 周文．欧美“气候立法”的法律、外交和经济内涵［N］．学习时报，2007-4-2（2）．

[108] 夏凉．“制气象权”不容忽视［N］．学习时报，2008-3-31（11）．
[109] 曹明德．生态法原理［M］．北京：人民出版社，2002.
[110] 李育哲．企业创新活动、智能资本及经营发展的关联与绩效评价研究：以中国台湾地区上市信息电子公司为例［D］．广州：暨南大学管理学财务管理专业博士学位论文，2008.
[111] 余谋昌．生态文化［M］．石家庄：河北教育出版社，2001.
[112] 孟宪平．论生态科技的思想维度和价值向度［J］．科学发展观研究理论月刊，2008（9）：41～44.
[113] 杨立新，张新宇，郭俊华等．生态文明建设指向的科技发展问题［J］．环渤海经济瞭望，2008（3）：32～34.
[114] 刘湘容．生态伦理学［M］．长沙：湖南师范大学出版社，1992.
[115] 温刚，严中伟，叶笃正．全球环境变化——我国未来（20—50年）生存环境变化趋势的预测及研究［M］．长沙：湖南科学技术出版社，1997.
[116] 高中华．环境问题抉择论——生态文明时代的理性思考［M］．北京：社会科学文献出版社，2004.
[117] 刘宗超等．生态文明观与全球资源共享［M］．北京：经济科学出版社，2000.
[118] 刘湘溶．生态文明论［M］．长沙：湖南教育出版社，1999.
[119] 林娅．未来与选择［M］．北京：中国环境科学出版社，1998.
[120] 万以诚，万岍．新文明的路标［M］．长春：吉林人民出版社，2000.
[121] 欧阳志远．最后的消费——文明的自毁与补救［M］．北京：人民出版社，2000.
[122] 李德顺．价值论——一种主体性的研究［M］．北京：中国人民大学出版社，1987.
[123] 李金昌等．生态价值论［M］．重庆：重庆大学出版社，1999.
[124] 曲格平．我们需要一场变革［M］．长春：吉林人民出版社，1997.
[125] 任春晓．环境哲学新论［M］．南昌：江西人民出版社，2003.
[126] 刘湘溶．人与自然的道德话语——环境伦理学的进展与反思［M］．长沙：湖南师范大学出版社，2004.
[127] 联合国开发计划署（UNDP）．1995中国人类发展报告［R］．北京：中国财政经济出版社，1995.
[128] 庞元正．当代中国科学发展观［M］．北京：中共中央党校出版社，2004.
[129] 侯衍社．马克思的社会发展理论及其当代价值［M］．北京：中国社会科学出版社，2004.
[130] 刘大椿，段伟文．转型驱动力——现代科技革命与社会变革［M］．南昌：江西高校出版社，2002.
[131] 黄顺基．科技革命影响论［M］．北京：中国人民大学出版社，1997.
[132] 陈敏豪等．归程何处——生态史话文明［M］．北京：中国林业出版社，2002.

[180] [德] 黑格尔．范扬，张企泰译．法哲学原理 [M]．北京：商务印书馆，1961.
[181] [匈] 卢卡奇．张西平译．历史和阶级意识 [M]．重庆：重庆出版社，1989.
[182] [德] 乌尔里希·贝克．何博闻译．风险社会 [M]．南京：译林出版社，2004.
[183] [德] 海德格尔．孙周兴译．林中路 [M]．上海：上海译文出版社，1997.
[184] [加] 威·莱易斯．岳长龄，李建华译．自然的控制 [M]．重庆：重庆出版社，1993：69.
[185] [美] 阿尔温·托夫勒．潘琪译．第三次浪潮 [M]．北京：生活·读书·新知三联书店，1984.
[186] [澳] 海因茨·阿恩特．唐宇华，吴良健译．经济发展思想史 [M]．北京：商务印书馆，1997.
[187] [德] H. W. 辛格．社会发展：最主要的增长部门 [J]．国际发展评论，1965 (3)：5.
[188] [加] 本·阿格尔．慎之等译．西方马克思主义概论 [M]．北京：中国人民大学出版社，1991.
[189] [日] 森谷正规．徐鸣等译．日本的技术：以最少的耗费取得最好的成就 [M]．上海：上海翻译出版公司，1985.
[190] [美] 彼得·德鲁克．张星岩译．后资本主义社会 [M]．上海：上海译文出版社，1998.
[191] [英] 戈德史密斯．程福祜译．生存的蓝图 [M]．北京：中国环境科学出版社，1987.
[192] [日] 池田大作等．卞立强译．二十一世纪的警钟 [M]．北京：中国国际广播出版社，1999.
[193] [日] 饭岛伸子．包智明译．环境社会学 [M]．北京：社会科学文献出版社，1999.
[194] [美] 阿尔·戈尔．陈嘉映等译．濒临失衡的地球——生态与人类精神 [M]．北京：中央编译出版社，1997.
[195] [日] 尾关周二．卞崇道等译．共生的理想：现代交往与共生、共同的思想 [M]．北京：中央编译出版社，1996.
[196] [日] 岸根卓郎．何鉴译．环境论：人类最终的选择 [M]．南京：南京大学出版社，1999.
[197] [日] 岩佐茂．韩立新等译．环境的思想 [M]．北京：中共编译出版社，1997.
[198] Peter Singer, "All Animal Are Equal", Environmental Ethics: Reading in Theory and Application, edited by Louis P. Pojman. Jones and Bartlett Publisher, Inc 1994, p38.
[199] Seitz, Olson, Sigurd, F., 1980, Reflections from the North Country, New York: AlfredH. Knopf Seitz, John L., 1988, The Politics of Development, Basil Blackwell Inc., p130.
[200] Greif, A, 1994 Culture Beliefs and the Organization of Society: A History and Theoretical Reflection on Collectivist and Individualist Societies. Journal of Political Econo-

my. Vol102，No5.

[201] Crispin Tickell. The inevitability of environmental security〔A〕. Gwyn Prins. Threats Without Enemies〔C〕. London：Earthscan，1993.

[202] [日] 三木清. 技术哲学 [M]. 东京：岩波书店，1942.

[203] [日] 吉谷豊. 日本的技术の摸索 [M]. 东京：アグネ，1980.

二、作者个人发表的部分相关论文

[204] 我国科技事业的现状和发展趋势 [J]. 今日科苑，2009（6）：18～19.

[205] 生态人本主义——人类中心主义与非人类中心主义走向整合的产物 [J]. 理论前沿，2009（10）：21～23.

[206] 社会发展与科技的生态化转向 [J]. 黑龙江科技信息，2009（22）：88.

[207] 对我国生态旅游产业发展的思考 [J]. 绿色科技，2012（9），230～231.

[208] 生态旅游："后进"城市发展的现实路径——广西崇左市创建生态旅游品牌的探索[J]. 广西社会主义学院学报，2013（4），98～100.

后　记

承广大读者厚爱，《发端于生态文明》即将再版了。距2011年该书第一次出版，至今已三载有余。当我静静审视这本曾经渗透了自己辛酸汗水的书作时，发现自己当年的成果仍有诸多不足之处。尤其是随着世情、国情、党情发生深刻变革和我国全面深化改革的纵深推进，生态问题日益凸显，生态文明的理论更待进一步丰富和完善。

本人始终投身于生态文明理论与实践的研究，即使是在从事博士后科研工作中也一直以生态理念为轴，涉足了一些生态旅游产业建设与发展方面的研究。一路走来，即使没有收获更多的认同和肯定，但有着一份沉甸甸的责任就足以支撑我继续研究、奋力向前。可以说，在生态文明研究之路上，我且学且思，且记且书，并深知，生态文明建设之路漫长而深远，求索无止境！在保持原书基本架构和指导思想的基础上，再版最大的特色集中在一个发人深省的题目和体现于对导论部分和第五部分的补充和修订。

值此再版之际，我要衷心感谢很多同行学者能将阅读书作时发现的问题及时反馈于我，也要感谢编辑席建海老师不辞辛苦地反复细核。

如今的我依旧本着和当初一样与君同享的心愿，热切期待赢得读者对本书再版的共鸣。

李　想

2014年10月于广西